基于 GPS/GIS 技术的输电线路运行检修管理系统建设

姚 楠 周 桥 主编

黄 河 水 利 出 版 社

·郑州·

内 容 提 要

本书介绍了输电线路运行检修地理信息系统(GIS)建设及应用的经验和体会,收集了当前有关基于GPS、GIS的电网生产管理系统工程的最新资料,描述了电力设备在线监测和故障诊断的基本知识与原理,全面阐述了地理信息系统和全球定位系统的结构、功能、特点及其在电力行业中的应用。

本书主要包括输电线路运行与检修基本规范、信息技术在输电线路运行与检修中的应用、地理信息系统、全球定位系统、GPS/GIS/MIS的集成与应用、线路巡检GIS工程的分析设计与实施等内容,最后给出了基于GIS的南阳等地输电线路巡检一体化生产管理系统的案例。

本书可供各级电力公司的管理人员,电力生产建设与管理部门的工作人员,其他相关信息系统工程设计、建设单位和公司的决策人员阅读使用,也可作为电力行业工程技术人员及大中专院校相关专业师生的参考读物。

图书在版编目(CIP)数据

基于GPS/GIS技术的输电线路运行检修管理系统建设/姚楠,周桥主编.—郑州:黄河水利出版社,2010.4
ISBN 978-7-80734-807-8

Ⅰ.①基… Ⅱ.①姚… ②周… Ⅲ.①全球定位系统(GPS)-应用-输电线路-电力系统运行②全球定位系统(GPS)-应用-输电线路-维护③地理信息系统-应用-输电线路-电力系统运行④地理信息系统-应用-输电线路-维护 Ⅳ.①TM726-39

中国版本图书馆CIP数据核字(2010)第047790号

出 版 社:黄河水利出版社

地址:河南省郑州市顺河路黄委会综合楼14层　　邮政编码:450003

发行单位:黄河水利出版社

发行部电话:0371-66026940、66020550、66028024、66022620(传真)

E-mail:hhslcbs@126.com

承印单位:黄河水利委员会印刷厂

开本:787 mm×1 092 mm　1/16

印张:9.25

字数:210千字　　印数:1—1 000

版次:2010年4月第1版　　印次:2010年4月第1次印刷

定价:27.00元

《基于 GPS/GIS 技术的输电线路运行检修管理系统建设》

编委会

主　任：王　波

副主任：李望北　姚　楠　周　桥

编　委：王广俊　公茂玉　吴美新　刘春雷　李吉浩　源忠诚

编写人员

主　　编：姚　楠　周　桥

副 主 编：李望北　公茂玉

参编人员：华大鹏　汪　涛　王　欢　马建坡　窦　刚

宋留勇　李东敏

前　言

电力行业是国民经济的重要基础，是国家经济发展战略中的重点和先行产业，它的发展是社会进步和人民生活水平不断提高的需要。改革开放30多年来，中国电力工业发展迅速，在电源建设、电网建设、电源结构等方面均取得了令世人瞩目的成就，已开始步入"大电网、大电厂、高电压、高自动化"的新阶段。

中国电力企业多年的实践和探索证明，GIS是电力企业信息化建设的重要技术手段之一，尤其在供电企业的生产管理中能够发挥重要作用。针对供电企业的生产管理而言，电网信息是一切的基础，而GIS系统能够很好地描述电网空间、属性、拓扑、运行信息，是其他信息系统难以实现的。卫星导航定位技术在中国经过10年左右的发展历程，其应用领域已十分广泛，传统测量应用及其他相关应用已渗透到许多崭新的行业。现实的应用已经使卫星导航定位技术逐渐成为继通信、互联网之后的第三个IT新增长点。电力行业自引进GPS以来，已经完成火力发电厂输电线路、微波通信和水源地等工程测量30余项，取得了较好的社会效益、经济效益和环境效益。GPS系统的高精度、高可靠性及全球无偿共享性，引起了国内外许多电力研究部门及专家的极大兴趣和关注，并投入大量的资金和人力，致力于GPS在电力系统的应用研究，短短几年内取得了很大的成果。

编者总结多年在电力系统信息化建设过程中的研究实践，综合分析最新研究成果，并对现有电力巡检系统进行了比较分析，力图以输电线路运行与检修基本规范为基点，从GPS、GIS、MIS的基本原理及其集成，GIS工程的分析设计与实施和生产管理系统的案例等多个方面着力论述新兴的地理信息技术在线路巡检中应用的基本方法、关键技术及其实现过程。全书共7章。第1章是对输电线路运行与检修基本规范的概述；第2章论述了现在主要的信息技术在输电线路运行与检修中的应用；第3、4、5章从地理信息的获取和管理及其在电力行业的应用角度，介绍了地理信息系统（GIS）、全球定位系统（GPS）、GPS/GIS/MIS集成的基本原理及专业知识；第6、7章是本书的核心内容，着重从线路巡检GIS工程的分析设计与实施的基本原理、方法和案例方面论述建立实用的线路巡检GIS所覆盖的关键技术与实现过程。

全书以"输电线路运行检修规范—地理信息技术的原理与应用—多种技术集成方法—技术实现与案例"为线索，深入浅出，内容上力求"新、广、易"。因此，本书可供各级电力公司的管理人员，电力生产建设与管理部门的工作人员，行业协会，各级信息系统工程设计、建设单位和公司的决策人员阅读使用，也可作为电力行业工程技术人员及大中专院校相关专业师生的参考读物。

本书的完成，得到了许多同行的关怀和支持，在这里表示衷心的感谢。

由于编者水平和时间所限，书中错误在所难免，希望读者不吝指正。

编　者

2009年12月

目 录

第 1 章　输电线路运行与检修基本规范

1.1　线路各元件的运行要求

架空输电线路的组成元件主要有杆塔基础、杆塔、金具、绝缘子、导线、避雷线和接地装置。输电线路由于长期置于露天运行，线路的各元件除受正常的电气负荷和机械荷载作用外，还受到风、雨、冰、雪、大气污染、雷电等自然灾害和人为条件的作用，因此线路各元件应有足够的机械和电气强度。

1. 杆塔基础

建筑在土壤里的杆塔地下（少数在地上，如灌注桩基础）部分叫做杆塔基础，分为电杆基础和铁塔基础，其型式应根据杆塔型式，沿线地形、地质、水文以及施工、运输等条件进行综合考虑。杆塔基础按其受力情况可分为下压、上拔和抗倾覆三大类。

运行中的杆塔基础，其作用是防止杆塔因风、冰、断线等外部的水平荷重、垂直荷重、断线张力等作用而产生倾斜、下沉甚至倾倒等现象。

2. 杆塔

杆塔用来支持导线和避雷线及其附件，并在各种气象条件下保证导线、避雷线、杆塔之间，以及导线和地面、交叉跨越物及其他建筑物之间保持一定的安全距离。

杆塔按其作用及受力可分为承力杆塔和直线杆塔两种。运行中的承力杆塔应承受线路分段及断线后的张力，并控制事故范围。直线杆塔应能够支持线路垂直和水平荷载并具有一定的顺线路方向之间的支持力。

3. 金具

线路的金具主要分为线夹、连接金具、接续金具、保护金具四类。

线路金具除需要承受导线、地线和绝缘子等自身的荷载外，还需承受覆冰和风的荷载。所以，运行中的线路金具应有足够的机械强度，还应具有良好的电气性能和防腐能力。

4. 绝缘子

绝缘子作为线路绝缘的主要元件，是用来支承和悬挂导线并使之与杆塔绝缘的。运行中的绝缘子除能够承受导线的全部荷载外，还应具有良好的绝缘性能，满足电气绝缘需要。

5. 导线、避雷线

导线的主要作用是传导电流、输送电能。运行中的导线要具有良好的导电性能和足够的机械强度，具有一定的耐震性和抗腐蚀性。避雷线一般采用镀锌钢绞线，其主要作用是保护导线免受雷击。运行中的避雷线也要具有足够的机械强度，具有一定的耐震性和抗腐蚀性。

6. 接地装置

接地装置是架空输电线路避雷线经杆塔、接地线与接地体相连接的整体。运行中的接地装置应接触良好，接地电阻满足设计要求，雷击时有效地泄放雷电流，降低杆顶电位，降低雷电压的幅值。

1.2 线路的巡视和运行中的测试

线路巡视的目的是通过巡视与检查，从而掌握线路运行状况及周围环境的变化，及时消除缺陷，预防事故发生，并确定线路检修内容，保证线路安全运行。

巡视种类包括定期巡视、特殊性及夜间巡视、故障巡视、监察性巡视和预防性检查。

巡视主要记录有巡视记录，事故（障碍）及异常运行（线路跳闸）记录，线路交叉跨越记录，绝缘子检查及测试记录，导（地）线接头位置记录，导线接头测量记录，导（地）线弧垂测量记录，杆塔接地电阻测量记录，线路防腐（刷漆）记录，杆塔倾斜变形记录，混凝土电杆缺陷检查记录，拉线棒、接地装置锈蚀检查记录，雷电活动记录，OPGW 巡视检查记录和电力电缆检查巡视测试记录等。

巡视建立的主要图表包括输电线路单线系统图（注明主要技术参数）、输电线路地理平面图（注明主要村镇、河流、公路、铁路、交叉跨越、分界杆塔号等）、相位图、污秽等级分布图、特殊地段分布图（雷击、鸟害、污秽、滑坡、冲刷、沉陷、覆冰、舞动等）、巡线和检修道路图（分正常天气和雨雪天气）、缺陷管理流程图，输电线路预防性检查试验一览表、输电线路定级评定表和输电线路设备一览表并附有其主要特性等。

架空电力线路的巡线周期一般遵循的规律如表 1-1 所示。

表 1-1 架空电力线路的巡线周期表

序号	名称	周期	备注
1	定期巡视	每月一次 （全年不少于 10 次）	根据线路环境、设备情况及季节性变化，必要时可增加次数
2	夜间巡视	不予规定	公司主管领导或输电工区主任根据情况定
3	故障巡视	不予规定	根据值班调度或上级命令
4	监察性巡视：①线路专责技术人员对其所负责的各段线路的巡视；②公司领导、生产技术部、安监部和工区领导人员的抽查	每年至少一次	应在雷雨季节或高峰负荷前以及其他必要时间进行

运行中的测试项目主要包括：瓷绝缘子测试、复合绝缘子测试、接地电阻测量、瓷绝缘子 ESDD（等值盐密）和 NSDD（灰密）的测量、导线接头温度测量和导地线以及电力线路各种限距的测量等。架空输电线路预防性测试周期如表 1-2 所示。

表 1-2　架空输电线路预防性测试周期

项目		周期	备注
绝缘子	瓷绝缘子绝缘测试	每 2 年一次	投运第一年开始
	"状态检修"线路的瓷绝缘子电压分布测量	每 2 年一次	
	绝缘子盐密、灰密测量	每年一次	根据实际情况选点测量
	复合绝缘子测试	每 2 ~ 3 年一次	根据实际情况选点测量
导线、避雷线	导线、避雷线振动测量及舞动观测		根据振动情况在舞动时进行观测
	导线接头、线夹温度测量		根据负荷及季节情况选点测量
	绝缘避雷线感应电压测量		投运后普测，以后适时抽测
其他	杆塔接地电阻测量： （1）一般线段； （2）发电厂变电所进线（1 ~ 2 km）段及特殊接地点	每 5 年一次 每 2 年至少一次	雷雨季来临前进行

1.3　线路的检修

为维持输电线路及附属设备的安全运行和必需的供电可靠性而进行的工作称为线路的检修。检修工作必须牢固树立"安全第一，质量第一"的思想，实行"应修必修，修必修好"的方针。要充分利用科技进步手段，掌握线路运行状态，逐步实现计划检修向状态检修的转变，不断提高设备完好率。

在检修工作中要大力开展技术革新和全面质量管理，积极采用新技术，不断总结经验，改进工艺，提高质量，缩短工期，积极开展带电作业，提高设备供电可靠性。

输电线路的检修一般分为维修、大修、技术改造和事故抢修四类。

1. 线路的维修

为维持输电线路及附属设备的安全运行和必需的供电可靠性而进行的检修工作称为维修。主要有以下内容：

（1）杆塔和拉线基础的培土；

（2）修理巡线道路，砍伐影响线路安全运行的树木等；

（3）补装螺栓、脚钉、塔材；

（4）拉线调整，涂刷设备标志，紧固螺栓；

（5）清除杆塔异物等。

2. 线路的大修

为了提高设备的健康水平，恢复输电线路及附属设备达到原设计性能而进行的检修称为线路的大修。线路大修一般每年一次，随着状态检修的深入开展，线路的大修周期根据设备的状态可适当延长。线路大修主要有以下内容：

(1)更换或补强杆塔；

(2)更换或补修导地线和调整弧垂；

(3)清扫表面污秽，更换或调整绝缘子爬距；

(4)杆塔基础加固、改装接地装置；

(5)更换或加装防震装置；

(6)杆塔的防腐刷漆以及处理线路的交跨。

3. 线路的技术改造

线路的技术改造是为了提高输电线路的供电能力，改善系统接线而进行的改造工作。

线路的技术改造与大修工作的区别在于：大修一般仅处理缺陷，而不改变原设备的规格和技术参数，不增加新设备。技术改造工作不仅处理缺陷，还可能要改变原设备的规格和技术参数，或者增加新设备。

4. 线路的事故抢修

地震、洪水、冰雹、暴风等自然灾害以及外力破坏，造成线路杆塔倾斜、倒塌，导地线混线、断线，金具、绝缘子脱落等停电事故，由此而进行的工作称为线路的事故抢修。事故抢修具有突发性、不可预见性、工作难度大等特点，需要在平时工作中未雨绸缪，编制详细预案，做到有备无患。

应在每年的第三季度依据规程规定和运行资料编制下一年的线路检修计划，得到上级批准后进行现场勘察、工具材料准备、组织施工以及竣工验收等工作。线路检修的主要项目及周期如表 1-3 所示。

表 1-3　线路检修的主要项目及周期

序号	项目	周期	备注
1	登杆检修	2 年	投运第一年开始
2	紧固杆塔各部螺栓	5 年	投运第一年开始
3	更换或补装杆塔构件		根据巡视结果进行
4	混凝土杆内排水、修补防冰装置	1 年	根据季节和巡视结果适时进行
5	杆塔铁件防腐	3～5 年	根据铁件锈蚀情况进行
6	杆塔倾斜扶正		根据测量、巡视结果进行
7	金属基础、拉线棒防腐		根据检查结果进行
8	调整、更新拉线及金具		根据巡视结果进行
9	混凝土杆及混凝土构件修补		根据巡视结果进行
10	绝缘子清扫	一般 1 年	根据污秽情况、反污措施、运行经验调整周期
11	更换绝缘子		根据巡视和测试结果适时进行

续表 1-3

序号	项目	周期	备注
12	绝缘子表面涂防污剂		根据需要适时进行
13	更换导线、避雷线及金具		根据巡视和测试结果进行
14	导线和避雷线损伤补修		根据巡视结果进行
15	调整导线、避雷线弧垂		根据巡视、测量结果进行
16	处理不合理交叉跨越		根据测量结果进行
17	并沟线夹、引流板检修		根据巡视和测试结果进行
18	间隔棒更换、检修		根据检查或巡视结果进行
19	防振器和防舞动装置维修		根据巡视或观测情况适时进行
20	接地装置和防雷设施维修	1年	根据巡视和测试结果进行
21	砍伐修剪树竹	最长1年	根据巡视结果进行
22	修补防汛设施	1年	根据巡视结果适时进行
23	修补巡线道桥	1年	根据现场需要适时进行
24	修补防鸟设施和拆巢		根据需要适时进行
25	补刷路名、杆号、相位等标志		及时进行

1.4 带电作业

带电作业系指在高压电气设备上进行不停电检修、部件更换或测试的作业。它对保证电网安全运行，提高电网经济效益和供电可靠性具有非常重大的意义，是送电线路状态检修的一项重要手段。

1.带电作业基本方法

带电作业基本方法如下：

(1)间接作业法(地电位作业法)。人体与接地体基本上处于同一电位(零电位)时，利用绝缘工具对带电体进行作业。

(2)中间电位作业法。人体通过绝缘体与接地体绝缘，利用绝缘工具对带电体作业。

(3)等电位作业法。人体穿着合格的屏蔽服通过绝缘工具进入强电场，人体与带电体处于同一电位作业。

等电位作业人员进入强电场的方法如下：

(1)软梯进入强电场法；

(2)硬梯进入强电场法；

(3)绝缘斗臂车进入强电场法；

(4)沿绝缘子串进入强电场法(适用于220 kV以上电压等级)。

2.带电作业的主要项目

带电作业的主要项目如下：

(1)带电检测 35 kV 及以上电压等级输电线路劣化绝缘子；
(2)带电更换(复位)导线防震锤；
(3)带电更换导线间隔棒；
(4)带电更换 220 kV 耐张双串绝缘子；
(5)带电更换 220 kV 耐张单串绝缘子；
(6)带电更换 220 kV 直线整串绝缘子；
(7)带电更换 110 kV 耐张单串绝缘子；
(8)带电更换 110 kV 直线整串绝缘子；
(9)带电修补导线；
(10)带电断、接空载线路引线。

带电作业的主要参数见表 1-4 ~ 表 1-12。

表 1-4　最小组合间隙

电压等级(kV)	110	220
组合间隙(m)	1.2	2.1

表 1-5　杆上作业人员对带电体的安全距离

电压等级(kV)	110	220
距离(m)	1.0	1.8

表 1-6　人体裸露部分与带电体的最小距离

电压等级(kV)	110	220
距离(m)	0.3	0.3

表 1-7　等电位作业人员与邻相导线最小距离

电压等级(kV)	110	220
距离(m)	1.4	2.5

表 1-8　绝缘臂的最小有效绝缘长度

电压等级(kV)	110	220
长度(m)	2.0	3.0

表 1-9　使用消弧绳断、接空载线路的最大长度

电压等级(kV)	110	220
长度(km)	10	3

表 1-10　绝缘子最小片数

电压等级(kV)	110		220	
每串绝缘子数(片)	7	8	13	14
每串良好绝缘子数(片)	5	5	9	9

表 1-11　带电体与被交跨物的垂直或水平最小距离

电压等级(kV)	110	220
最小距离(m)	3	4

表 1-12　绝缘绳索、操作杆及绝缘拉板最小有效绝缘长度

电压等级(kV)	110	220
绝缘操作杆(m)	1.3	2.1
绝缘承力工具及绝缘绳索(m)	1.0	1.8

参考文献

[1] 张国宝. 中国电力工业发展与展望[R]. 上海：第 15 届亚太电协大会,2004.

第2章 信息技术在输电线路运行与检修中的应用

2.1 电力系统在线监测技术与状态监测

2.1.1 电力系统在线监测技术现状分析

电力系统是一个由众多发、送、输、配、用电设备连接而成的大系统,这些设备的可靠性及运行状况直接决定整个系统的稳定和安全,也决定着供电质量和供电可靠性。检修是保证电力设备健康运行的必要手段,它关系到设备的利用率、事故率、使用寿命,以及人力、物力、财力的消耗和电力企业的整体效益等诸多问题。随着电网建设的加速和市场经济的推进,电力企业为避免由定期预防性试验及定期检修对设备检修“过度”或“漏失”而引起的运行可靠性降低和经济损失,迫切需要以输变电设备状态在线监测与诊断技术为基础的状态维修,以预防和减少事故的发生,提高电力系统的安全性、可靠性、稳定性。

美国最早开展以在线监测为基础的状态检修工作,日本也从20世纪80年代开始对电力设备实施以状态分析和在线监测为基础的状态检修,而欧洲很多国家也采用状态检修来提高检修效率。国外统计资料表明,在实施状态检修后,一般可使设备大修周期从3~5年延长到6~8年,甚至10年,并且1.5~2年即可收回实施状态检修所增加的投资。应该说,国外在状态检修技术研究与实践应用方面都已取得了显著成绩。美国电力研究院诊断检修中心的统计表明,实施状态检修提高设备利用率在5%以上,节约检修费用25%~30%。我国开展状态检修起步较晚,水电部1987年颁布的《发电厂检修规程》(SD 230—1987)指出,应用诊断技术进行预知维修是设备检修的发展方向。应该说,状态检修在国内还是取得了一定的进展。由于输电线路在线监测技术的制约,期望加强现有模式下的离线监测手段来推动状态监测实施,但还是存在诸多问题。

我国开展电力设备在线监测技术的开发应用已有20多年了,对提高电力设备的运行维护水平,及时发现事故隐患,减少停电事故的发生起到了积极作用。

我国从20世纪50年代开始,几十年来一直是根据电力设备预防性试验规程的规定,对电力设备进行定期的停电试验、检修和维护。定期试验不能及时发现设备内部的故障隐患,而且停电试验施加低于运行电压的试验电压,对某些缺陷反应不够灵敏。

随着电力系统朝着高电压、大容量的方向发展,如何保证电力设备的安全运行就更为重要,一旦发生停电事故,将给生产和生活带来巨大的损失和影响。因此,迫切需要对电力设备运行状态进行实时或定时的在线监测,及时反映电力设备如绝缘等的劣化程度,以便采取预防措施,避免停电事故发生。

进入20世纪80年代,特别是近10多年来,在线监测技术发展很快,绝大多数变电站设备及发电机、电缆、线路绝缘子等都有在线监测的项目。随着电子技术的进步,传感器技术、光纤技术、计算机技术、信息处理技术的发展和向各领域的渗透,系统的监控技术中广泛应用了这些先进的科研成果,使在线监测技术逐步走向实用化阶段。与预防性试验相比,在线监测系统采用高灵敏度的传感器采集运行中设备绝缘劣化的信息,信息量的处理和识别依赖于有丰富软件支持的计算机网络,不仅可以把某些预试项目在线化,而且引进了一些新的更真实反映设备运行状态的特征量,从而实现对设备运行状态的综合诊断,促进电力设备向状态检修过渡的进程。

2.1.2　在线监测与状态监测的关系

目前,很多人存在一个认识误区,认为在线监测就是状态监测,其实在线监测并不等同于状态监测,更不是状态检修。在线监测是通过在线监测装置(各种在线监测技术),在不影响运行设备的前提下实时获取设备的状态信息,它是状态监测的重要信息来源。目前状态监测包括在线监测、必要时的离线检测及试验,以及不与运行设备直接接触的全球定位系统(Global Positioning System , GPS)巡检、红外监测等所有可得到运行状态数据的几种监测手段。

状态检修从理论上讲是比预防检修层次更高的检修体制。状态检修是基于设备的实际工况,根据其在运行电压下各种绝缘特性参数的变化,通过分析、比较来确定电气设备是否需要检修, 以及需要检修的项目和内容,具有极强的针对性和实时性。因此,可以简单地把状态检修概括为"当修即修,不做无为检修"。目前, 大多认为状态检修主要包含状态监测、状态分析与故障诊断、检修决策等3 个单元,其相互之间协调和修正,但状态检修技术随着在线监测技术的不断发展而逐渐实用化。与状态分析密切相关、能直接提高状态检修工作质量的理论和技术主要包括4 个方面的内容,即线路检修监测、设备寿命管理与预测技术、设备可靠性分析技术、专家系统。

但目前输电线路状态维修还不能仅完全依赖在线监测的结果,其原因主要有:一是在线监测系统本身还处于研发及试运行阶段;二是在线诊断的专家系统还处于不断完善的过程;三是设备老化及寿命预测的研究还处于初期阶段;四是在线监测系统的技术标准、诊断导则以及专家系统的智能化程度尚有一个形成及发展过程。目前及相当长的一个时期内,需要系统而深入地不断总结和分析设备状态诊断所积累的大量诊断数据,制定出各种设备、各种自然灾害的诊断标准和使用导则,经过若干年的实践与修订后,再与在线监测结果进行全面的分析对比,才可能进入真正的设备状态在线诊断新阶段。这个漫长过程还需要多少时间,关键取决于在线监测系统的稳定性、精确灵敏度、智能程度及满足工程需要的工艺水平。尽管人们对输变电设备状态在线监测与诊断技术因种种原因而持不同的态度,但就像电力系统综合自动化技术一样,它终将成为提高电力行业技术管理水平和大幅度提高电网安全运行水平的高度智能化的第一道防御系统的关键技术之一。

2.1.3　我国在线监测技术基本应用情况

根据全国各省、市、自治区电力局,电力试验研究所,科研单位和供电局等提供的变电站、输电线路等装有各种在线监测系统或装置的运行情况,归纳出以下几点。

1. 在线监测采用的形式多种多样

变电站装有集中型在线监测系统、分散型在线监测装置以及只监测某一参量的仪器，如避雷器泄漏电流监测装置、变压器的局部放电监测装置、变压器油色谱监测装置、少油开关的泄漏电流监测装置及发电机放电监测装置等。高压输电线路上面安装的有瓷质绝缘子的泄露电流的监测装置、覆冰厚度监测装置等。

2. 监测系统的正常运行率

集中型监测系统一次投入费用较高，因此人们更加关注其投入运行后的工作状况。在有记录的系统中，基本运行正常的占30%左右，已不能正常使用或处于瘫痪状态的占36%。使用单位反映的意见主要集中在以下几点：

(1)介损测量不够准确，稳定性、重复性较差，测量误差较大；

(2)信号采集部分故障，如传感器失效、破损，电压信号畸变；

(3)测量系统抗干扰性能差，抗温度、湿度变化的能力差；

(4)数据传输与处理部分故障，数据丢失。

安装分散型的监测装置的变电站及输电线路，运行正常的占90%。

在线监测系统应用情况表明，它对及时发现电力设备绝缘缺陷，保证设备安全运行起到良好作用。10多年来，已经对各种电力设备的在线监测技术进行了研究和开发，特别是对电容型设备的 $\tan\delta$、ΔC、ΔI 的监测，避雷器泄漏电流的监测技术的开发和应用，已经取得了很大成绩。目前已开发了集中型、分散型和便携式装置，也实时发现了一些被试设备绝缘受潮，并及时采取措施加以防范，避免了更大停电事故的发生，保证了电力系统的安全运行，取得了一定的社会效益和经济效益。一些监测项目如 $\tan\delta$ 的测量和避雷器泄漏电流测量等还提出了在线监测的参考标准。

一方面，在线监测技术的开发，推动了电力设备运行维护水平的提高，减小了维护人员的劳动强度，部分设备根据监测结果确定停电检修周期，为从预防性试验向状态检修方向过渡积累了经验。另一方面，由于引进了先进的电子技术、信息处理技术，在线监测技术更具有先进性、实用性，推进了电力设备绝缘监督方法的革新。

在线监测技术的开发和应用，提高了运行管理的智能化程度，加快了设备运行状态的信息反馈，缩短了故障判断和处理时间，提高了工作效率，减少了因停电造成的经济损失，并为实现无人值班变电站创造了条件。

在线监测技术在实际应用过程中也存在一些问题，主要表现如下：

在线监测工作缺乏统一的管理。目前，开发和生产在线监测系统的单位很多，投放市场的产品也很多，但产品没有经过严格的检验和考核。这几年运行的情况表明，产品质量已经暴露出问题，一些单位缺乏应有的技术力量，系统安装后缺乏维护，管理工作没有跟上来，造成部分系统一投入运行工作就不正常。在线监测系统作为一种特殊商品提供，应如何规范市场，制定相关的检验条例，保证产品质量等已经提到日程上来。

监测系统本身运行可靠性欠佳。对集中型在线监测系统运行情况的调查表明，属正常或比较正常的只占29.8%，而确定不能正常使用的系统约占35%。意见主要集中在装置本身的质量问题上，如元件性能不稳定，失效或破损；装置的抗干扰性能较差，抗外界因素如温度、湿度变化的能力差；装置整体运行可靠性差，测量数据不稳定，起不到监测设备绝缘状况的作用。

一些供货单位缺乏严格的工作作风,对保证监测系统的质量缺乏应有的监督机制,售后服务没有跟上去,不能及时排除故障,造成系统瘫痪或不能正常运作。

运行人员缺乏一定的操作、管理水平也是造成装置不能正常运行的原因。如系统电源掉电或插头松脱,运行人员没有及时恢复;系统得不到应有的维护,使得本来很容易解决的问题复杂化。

在线监测系统的功能需进一步完善和提高。经过几年的应用,已经暴露出一些监测系统设计有问题,需要从技术上并结合在线监测的特点综合考虑进一步提高稳定性、准确性,保证传感器的自身质量及现场测量中的可靠性,这样才能提高在线监测的效果。

2.2 对在线监测技术发展的建议

1. 加强对在线监测工作的协调、管理,使在线监测技术的开发和应用能健康发展

目前,在线监测工作发展很快,应用面很宽,如何加强产品质量的监督,加强功能和性能的检验、现场安装、设计的规范化以及制定相应的验收规程、运行管理规程等都是急需解决的问题。建议有关管理部门进行该项工作的协调,提供一个综合评估监测系统质量的机会,包括装置的技术性、可靠性、先进性以及各单位的技术力量、技术水平、售后服务等方面的智能综合评价。

2. 进一步提高和完善已开发的监测技术的性能

从所暴露的问题看,属于监测系统本身的质量问题主要是测量结果不稳定、系统抗干扰能力差等,这些技术难点尚待解决。应该说,经过十几年的攻关,介损测量和阻性电流测量技术是比较成熟的,与国外的研究水平相接轨。当前,一方面应集中解决传感元件自身的性能包括线性问题和提高信号采集、传递过程中的抗干扰性能,提高测量稳定性和可靠性。另一方面,还要进一步提高工艺水平,提高产品各部件的可靠性。

3. 在线监测技术的开发应有科研作基础

应充分发挥科研单位、大专院校的科技力量,集中攻关一些技术难题,拓宽监测系统功能,国家电力公司应鼓励和扶持科研创新、新技术的开发和研究工作。应对关键设备如电力变压器和气体绝缘组合电器的在线监测技术重点攻关。开发电力变压器综合型监测系统,该系统应包含各种能反映故障性质的主要特征参数,如局部放电、色谱、温升等,提高综合分析判断能力。重点加强局部放电监测方法中的抗干扰问题的研究。吸收或引进先进国家的科研成果,如对数据的处理技术等,可以加快我们的步伐,达到减少变压器的停电事故,减少维护检修工作量,实现状态检测的目的。气体绝缘组合电器的在线监测技术是当前世界各国研究的主要目标,焦点是监测各种有害的放电,应投入科技力量攻关。还可以采用引进消化先进技术的方法,加快实用化进程。

4. 加强基础研究工作

研究监测参数及其变化与被测设备绝缘老化的关系,总结出规律性的东西,反过来指导在线监测工作,这样才能提高在线监测系统的可信度和判断准确性。目前,我国在线监测仍停留在只提供监测数据的水平上,而对于这些参量的变化与设备绝缘的劣化程度的

关系仍缺乏判断经验。因此,需要进行大量的试验研究和数据统计工作,加强对测量结果的综合分析,进行历史的、相同设备之间的、同一设备历年的测量结果的分析比较,正常的与故障的测量结果的比较,找出测量结果的变化与绝缘劣化两者之间的关系。一些先进国家非常重视理论研究工作,通过在线监测结果与模拟试验比较,提出有参考价值的监测指标,作为判断故障性质的参考。其发展趋势就是以在线监测为依据的状态监测与维修逐步取代以预防性试验为依据的预测维修。

5. 增强在线监测系统的智能化水平

在线监测技术三要素为:信息采集、数据处理与分析、处理意见与决策。后两个要素目前还很薄弱,需要加强开发各种可供分析判断的软件。如专家诊断系统的建立,通过调查、归纳、综合、分析工作,提炼出精华,形成专家系统,作为分析判断被测设备故障的依据。另外,要提高信息传输的准确性,提高监测的智能化水平,实现与电力系统的智能化监控系统联网,实现电力系统管理的综合自动化。

6. 在线监测技术的开发和应用要讲究实效

各地区要根据具体情况和需要选择投入在线监测系统的规模,不要片面要求大而全。检测系统可以是多种类型,既有集中型的监测系统,也有针对某些设备的小型化监测装置或是可移动的监测仪器,以提高监测系统的利用率。一些发达国家对在线监测系统的投入非常重视,首先分析被测对象的重要性,所处的运行状态容易引起的故障类型及可能造成的经济损失,提出针对性的监测参量,决定投入监测系统的规模,这样可以提高监测的有效性。为此,建议使用单位对在线监测设备进行选型时,应进行技术经济比较,根据需要决定投入的规模,提高监测系统的利用率。

7. 组织开展在线监测技术交流

建立相关的技术交流信息网,充分发挥科研单位和专家的积极性,进行技术咨询和指导,建立国家电力信息公司信息网,加强与各省局网之间的信息交流,发布管理信息、典型事故分析,交流先进的技术,促进在线监测技术水平迅速发展。

2.3　3S 技术及其应用

3S 技术为科学研究、政府管理、社会生产提供了新一代的观测手段、描述语言和思维工具。3S 的结合应用,取长补短,是一个自然的发展趋势,三者之间的相互作用形成了“一个大脑,两只眼睛”的框架,即 RS 和 GPS 向 GIS 提供或更新区域信息以及空间定位,GIS 进行相应的空间分析,以从 RS 和 GPS 提供的浩如烟海的数据中提取有用信息,并进行综合集成,使之成为决策的科学依据。

GIS、RS 和 GPS 三者集成利用,构成整体的、实时的和动态的对地观测、分析和应用的运行系统,提高了 GIS 的应用效率。在实际的应用中,较为常见的是 3S 两两之间的集成,如 GIS/RS 集成、GIS/GPS 集成或者 RS/GPS 集成等,但是同时集成并使用 3S 技术的应用实例则较少。美国 Ohio 大学与公路管理部门合作研制的测绘车是一个典型的 3S 集成应用,它将 GPS 接收机结合一台立体视觉系统载于车上,在公路上行驶以取得公路以及两旁的环境数据,并立即自动整理存储于 GIS 数据库中。测绘车上安装的立体视觉系统包括两个 CCD 摄像机，在行进时，每秒曝光一次，获取并存储一对影像，并作实时自动处理。

RS、GIS、GPS 集成的方式可以在不同的技术水平上实现。最简单的办法是三种系统分开而由用户综合使用；稍复杂的办法是使三者有共同的界面，做到表面上无缝的集成，数据传输则在内部通过特征码相结合；最好的办法是整体的集成，成为统一的系统。

单纯从软件实现的角度来看，开发 3S 集成的系统在技术上并没有多大的障碍。目前一般工具软件的实现技术方案是：通过支持栅格数据类型及相关的处理分析操作以实现与遥感的集成，而通过增加一个动态矢量图层以与 GPS 集成。对于 3S 集成技术而言，最重要的是在应用中综合使用遥感以及全球定位系统，利用其实时、准确获取数据的能力，降低应用成本或者实现一些新的应用。

3S 集成技术的发展（见图 2-1），形成了综合的、完整的对地观测系统，提高了人类认识地球的能力；相应地，它拓展了传统测绘科学的研究领域。作为地理学的一个分支学科，Geomatics（地球空间信息学）产生并对包括遥感、全球定位系统在内的现代测绘技术的综合应用进行探讨和研究。同时，它也推动了其他一些相联系的学科的发展，如地球信息科学、地理信息科学等，它们成为“数字地球”这一概念提出的理论基础。

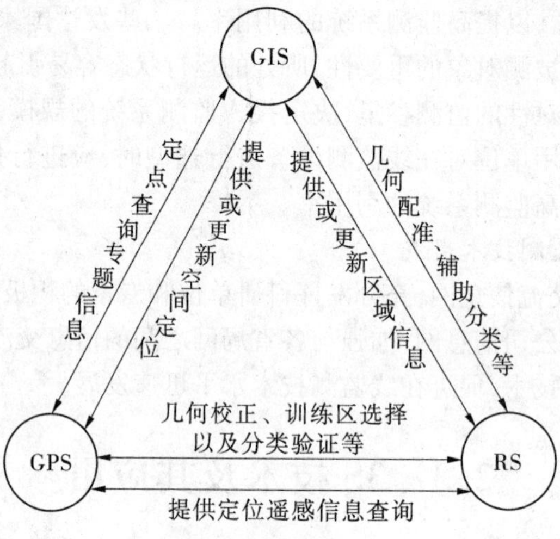

图 2-1　3S 的相互作用与集成

2.3.1　3S 技术与集成概述

3S 技术是地理信息系统（GIS）、遥感（RS）和全球定位系统（GPS）的统称，是现代信息技术与空间分析研究的主要技术手段和发展方向。广义的 3S 技术包括空间信息获取、传感器和信息探测、图形图像处理、空间定位、动态监测、信息管理与存储、预测评价与决策分析等。

地理信息系统是一门集计算机科学、地理学、测绘学、遥感学、环境科学、空间科学、信息科学、管理科学等多门科学为一体的新兴边缘学科。具体讲，地理信息系统是在计算机软件和硬件的支持下，运用系统工程和信息科学的理论，科学管理和综合分析具有空间内涵的地理数据,以提供规划、管理、决策和研究所需信息的空间信息系统。它的主要特征在于其强大的空间分析和辅助决策功能。

遥感,意为遥远地感知事物。其突出特点是周期性、宏观性、实用性和综合性。从地面以上一定距离的高空或外层空间的各种运载工具遥感平台上,利用可见光、红外、微波等光学、电子和电子光学的电磁波探测仪器或传感器,通过摄影或扫描、信息感应,接收从物体辐射、反射和散射的电磁波信号,以图像胶片和数据磁带记录下来,传送到地面站,经过加工,从中提取对了解地物和现象有用的信息,再结合地面物体的光谱特性识别研究地面物体的种类、性质、形状、大小、位置及其与环境的相互关系和变化规律。

全球定位系统是一种高精度、全天候和全球性的无线电导航、定位和授时系统。这个系统将主要用于国家经济建设,为交通运输、气象、石油、海洋、森林、通信、公安等部门以及其他特殊行业提供高效的导航定位服务。GPS 作为一种定位手段,可应用它的静态和动态定位方法,解决传感器位置和姿态的快速定位问题,并获取准确空间三维位置信息。

3S 技术集成一体化是以 RS、GIS、GPS 为基础,将 RS、GIS、GPS 三种独立技术领域中的有关部分与其他高技术领域(如网络技术、通信技术等)有机地构成一个整体而形成的一项新的综合技术。3S 技术是目前对地观测系统中空间信息获取、存储、管理、更新、分析和应用的支撑技术,是现代社会持续发展、资源合理规划利用、城乡规划与管理、自然灾害动态监测与防治等的重要技术手段,也是地学研究走向定量化的科学方法之一。

三种技术各具特色,GPS 主要用于实时、快速提供目标、各类传感器和运载平台的空间位置;RS 用于实时或准实时地提供目标及其环境的语义或非语义信息,发现地球表面的各种变化,及时地对 GIS 的空间数据进行更新;GIS 则是对多种来源的时空数据进行综合处理、动态存储、集成管理、分析加工,作为新的集成系统的基础平台,并为智能化数据采集提供地学知识。

3S 技术集成的发展,形成了综合的、完整的对地观测系统,提高了人类认识地球的能力。相应地,它拓展了传统测绘科学的研究领域,并由此产生了一门新的学科——地球空间信息学。同时,它也推动了其他一些相联系的学科的发展,如地球信息科学、地理信息科学等。3S 集成技术是"数字地球"这一概念的理论和技术基础,集成不是简单的三个组成部分的叠加,而是一种有机的、在线的连接,同时具有实时的、动态的特性。3S 技术集成主要包括以下几个方面。

1. GPS 与 GIS 的集成与应用

利用 GIS 中的电子地图和 GPS 接收机的实时差分定位技术,可以组成 GPS + GIS 的各种自动电子导航系统,用于交通指挥调度、公安侦破、车船自动驾驶、农田作业管理、渔船捕鱼等多方面。也可以利用 GPS 的方法对 GIS 进行实时更新。

2. RS 与 GIS 的集成与应用

RS 是 GIS 重要的数据源和数据更新的手段,而反过来,GIS 则是遥感中数据处理的辅助信息。两者集成可用于全球变化监测、农业收成面积监测和产量预估、空间数据自动更新等方面。

3. GPS 与 RS 的集成与应用

在遥感平台上安装 GPS 可以记录传感器在获取信息瞬间的空间位置数据,直接用于空三平差加密,可以大大减少野外控制测量的工作量。因此,其可在自动定时数据采集、环境监测、灾害预测等方面发挥重要作用。

4. 3S 技术集成与应用

3S 的整体集成应用更为广泛,例如在由 GPS + GIS 组成的自动导航系统中加入由 CCD 摄像机组成的移动式测绘系统,可用于高速公路、铁路和各种线路的自动监测与管理,也可建立战时现场自动指挥系统。美国的巡航导弹和爱国者导弹上安装了 3S 集成系统,可以实现自动导航、自动跟踪、自动识别目标,以进行准确的拦截和打击。

2.3.2 3S 技术发展趋势

当代遥感技术的发展具备了多传感器、高分辨率和多时相等特征。高光谱遥感、干涉雷达遥感、定量遥感等的出现必将是以后发展的方向。具体表现在以下几个方面。

1. 定量化

遥感信息定量化是指通过实验的或物理的模型将遥感信息与观测目标参量联系起来,将遥感信息定量地反演或推算为某些地学、生物学及大气等观测目标参量。遥感信息定量化研究涉及遥感器性能指标的分析与评价、大气参量的计算与大气订正方法和技术、对地定位和地形校正方法与技术、计算机图像处理与算法实现、地面辐射和几何定标场的设置以及各种遥感应用模型和方法、观测目标物理量的反演和推算等多种学科及领域。

2. 智能化

遥感的智能化首先表现在遥感传感器的可编程上。传感器不仅可以按设定的方式进行扫描,而且可以根据具体要求由地面进行控制编程,使用户可以获得多角度、高时间密度的数据。其次,影像识别和影像知识挖掘的智能化也是遥感数据自动处理研究的重大突破,如自动或半自动提取地物信息,利用地物波谱库及高光谱自动识别系统使用户可以方便地进行地物识别,以及遥感数据的自动匹配等。这不仅大大加快了数据定位速度,提高了生产效率,而且为数据定位提供了一种高精度的生产工具。

3. 动态化

小卫星技术的发展使得卫星造价很低,因此卫星网络计划得以顺利实施。NASA 的“传感器网络”使用户可以在获得更高分辨率的数据的同时,也可以获得更高时间密度的遥感数据。而雷达微波技术的发展,更使用户可以获得全天候的遥感数据,这一切都为遥感动态监测创造了条件,使遥感数据真正实现了“四维”信息获取。

2.3.3 国外电力工程技术应用

电力行业信息化是指电力行业的基础网络建设和应用系统。其中,基础网络主要包括电力通信专网、广域网、局域网、电力调度数据网等,应用系统包括操作层面和管理层面两类。操作层面主要指与电力生产经营相关的,如调度系统、生产自动化系统、监测系统等;管理层面主要包括 OA、MIS、营销管理系统以及 ERP 等。

在国外电力行业中,GIS 应用已经步入成熟阶段,各大电力公司纷纷将其引入日常的管理之中。如美国爱迪生公司的配电图形管理信息系统(CADIMAGE);总部设在得克萨斯州的圣休斯顿电力公司,以 ESRI 的 ArcFM 软件为 GIS 工具管理该州的 10 个县约

45 190个用户，线路里程达9 171多千米的电力网等。欧盟对各国电力信息化改革提出原则，要求改革模式、进度由各国结合本国国情自行确定。根据15国部长的协议，2004年年底前欧盟成员国必须向其他成员国开放电力市场以利于竞争，2007年民用用户市场放开竞争。

国外企业的信息化建设从管理信息系统（MIS）、物料需求计划（MRP）、制造资源计划（MRP）到企业资源计划（ERP）、信息资源管理（IRM）、竞争情报系统（CIS），以及电子商务等，形成了企业的信息管理战略，有效地用信息化增强企业在市场上的竞争实力和优势。开展电子商务，实现网上交易，信息系统向企业的辅助决策支持方向发展。有关人士预测，今后几年，发达地区25%的公司将通过电子商务平台进行市场商务。如美国的电力公司积极将信息技术运用在改造电力公司经营和管理上，积极开展电力电子商务。他们认为电力是进行电子商务最完美的行业，电子商务也是改革电力管理机制的最好机会和手段。

1. 加拿大水电行业地理信息系统

在欧美等发达国家，3S技术应用处于国际领先水平，特别是以GIS为核心的3S集成技术的应用更是方兴未艾，将构成21世纪新的支柱产业。如加拿大某水电公司开发的EGIS（企业级地理信息系统）于2005年基本完成，主要包括对现有的IBM GFIS电力输配电系统的移植、企业级地理数据的开发、输电网络管理系统等涵盖发、送、配电的三个系统，系统计划覆盖到每个用户。

EGIS的主要目标为：数据的采集、管理和使用满足客户最基本要求，快速有效的数据分析和显示，提供方便的用户数据传输，有效的内部和外部数据交换，基于地面的通用程序和数据，提供开放式的标准接口等。其中的输电网络管理系统开发比较成熟，主要应用于以下几个方面：

（1）与输电线路有关的财产权的管理，包括沿线占用土地、线路附近房屋距离；

（2）设备管理，包括杆塔和线的结构、位置、状况等；

（3）植被管理，包括沿线走廊绿化状况等；

（4）线路跟踪动态管理；

（5）公共安全管理，如跨工业区时的管理；

（6）相关其他管理，包括大跨越、路径的再优化；

（7）环保影响管理，如跨河时线路对河内鱼群等动、植物的影响，甚至线路维护除草时使用的化学添加剂对鱼的影响均在管理之列；

（8）边缘地带管理，如房屋侵占情况；

（9）沿线水库区域、库区娱乐区的管理。

潜在的应用还包括库区下游淹没分析、渔业管理、自动侵害分析、滑坡分析、地震带分析、无线信号干扰分析、变电所模型分析等。

EGIS主要设计特点为：自主开发的直观界面、真三维数据与分析、大区域无缝链接、各种数字化应用、支持光栅影像传输以及广泛的在线帮助功能等。

目前这一系统的供电和配电模块均已完成并投入使用。它极大地提高了输配电系统的管理效率，具有科学、方便、快捷的特点。其不仅可以在工程建设中发挥作用，还可以在电网运行中提高效率。

2. 日本电力行业地理信息系统

日本中部电力公司将地理信息产业作为公司三大支柱之一。建立数据中心，经营公司信息系统，提出"使用IT向客户提供一次到位的服务"理念，即通过计算机系统网络及GIS系统，实现地图测绘、工程公司工程设计支援、停电信息区域分布处理、现场作业信息支援、施工管理、配电自动化等功能。网络使得公司与客户间信息传递更加快捷，减少了部门间的转递，短时间就能响应用户请求。电力公司为加强信息技术的应用，专门成立计算机服务公司(CCS)进行软件开发和维护服务，负责开发电力公司的应用系统和建设电力公司的信息化工程项目。

3. 法国电力行业地理信息系统

法国电力公司是一家国有大型电力公司，为了推进电力信息化，公司内部设置了信息部门，由十几个信息和计算机专家负责法国电力公司内部网络与计算机系统维护，组织进行二次开发，负责法国电力公司信息化发展规划和计划制定并编制实施计划。应用系统软件则通过直接购买和委托的做法完成。

2.3.4 3S技术在电力信息化建设中的应用

相对其他行业，我国电力行业的信息化水平较高。经过几十年的发展，电力行业从生产自动化到电网调度自动化、电力负荷控制等专项业务应用，再到办公自动化系统(OA)和各种管理信息系统(MIS)的综合应用，信息化由操作层面逐步延伸到管理层面，并继续向更深层次拓展。

1. 电网综合管理信息系统

电网管理企业应大力发展适用于广域网的基于地理信息系统的电网综合管理信息系统，其不仅在系统规划、方案比选、路径优化等规划设计阶段能发挥作用，而且在施工建设尤其是运行管理阶段可提供科学决策的依据。这是实现数字化电力公司科学化管理的需要。在此基础上建立完善的线路规划设计、施工组织、电网运行、事故定位、检修组织、资产管理、电网分析等用户模型，通过对空间数据和属性数据的有效存取，进行科学的模拟分析，从而形成比传统手段更为可靠有效、经济实用的输电线路系统规划、勘测设计、施工建设和运行管理系统，以GIS为核心并建立和SCADA、MIS、OA等其他系统共享的机制，以满足各阶段用户的不同需求。

2. 电厂三维GIS系统

发电企业应注重建立电厂三维GIS系统，其可以快速准确地为电厂的基建、维修、扩建、管理、决策等提供最新的地上、地下信息，是提高电厂管理效益的有效途径。研制电厂GIS是提高勘测设计质量、降低工程造价、加快建设周期、提高管理水平、创造良好效益的有效途径，也是一项具有长期效益的高回报投入。建立电厂GIS应及早进行，新建电厂应在施工图设计阶段着手GIS的系统设计，在施工阶段进行系统的具体实施。随着电厂的运行交付使用，为运行管理服务。电厂GIS应研究和电厂MIS、SCADA的数据接口以及和电网的联网，实现数据共享、统一调度。

在电力工程勘测设计阶段，在输配电选线、厂所选址时，利用三维GIS的虚拟现实技术,勘测设计人员可得到如临现场的感觉。在室内借助专家系统,综合考虑影响设计的各种地理因素,如地物地貌、区域地质情况、水文与水资源情况等,进行多方案比选、路径优化等线路选线时给定两点,自动避开建筑区、协议区,寻找最佳路径。并可沿线浏览,提供技术经济指标统计、线路多方案比选,并生成给定宽度的线路路径图等,沿给定走向生成大比例尺的平断面图形与数据,预排杆位并进行相应经济指标统计。

3. 遥感地质测绘

应用遥感技术可进行火电水电及核电厂厂址的稳定性评价,贮灰场水源地的遥感地质测绘,输变电设施的地质、地貌及路径方案选择,水文流域特征、古河道、下垫面条件及特小流域洪水参数的选取,料场分布、储量、产地勘测、航片镶嵌成图,卫星影像大范围接图及设计运行规划方案的一体化制作,航、卫片数字成图,勘测设计各阶段三维动画模拟等。

根据岩土工程勘测结果建立三维地下模型,可实现将工作区域内地层的分布、地层三维剖切、地下水的分布、不良地质现象的分布发育情况、地震烈度的区划等清晰地表达出来,使基础设计更具有针对性,做到基础设计经济合理。

4. 配电管理系统

结合信息可视化技术,采用生动直观的方法,结合各种空间信息,组织、分析和显示配电网络各项数据,实现配网信息的地图化、运行数据的可视化,促进配网管理的科学化。

配电网包括众多地理位置各异的设备、网络、用户等,使得配电网 GIS 研究成为电力 GIS 研究的重点。在配电网运行方面,其综合信息系统可以管理变压器的负荷以及在事故中负荷的转移。随着监视控制和数据采集(Supervisory Control And Data Acquisition, SCADA)技术的广泛应用,如何合理结合 GIS 与 SCADA 为配电网管理服务也成为许多学者研究的重点。在配电网规划方面将 GIS 及人工智能(Artifical Intelligence, AI)方法引入到配电网规划问题的研究之中,结合 GIS 空间及网络分析的拓扑特性和 AI 方法的鲁棒性及高效性完成用户的定位查询、区域查询、用户收费管理、区域统计等功能,可以方便用户管理,提高服务质量。该系统具有如下的特点:对用户按照用户证号、地址码进行快速定位,根据地图上所选择的区域,查询数据库中用户信息;收费清单根据实际的地理环境分区片打印,逐一对用户进行地址编码,避免不同区域交叉混乱的局面,提高了收费的可管理性、准确性;可以根据全局、分区、地图指定区域统计总户数、电量、收费率等信息,进行分析比较。

5. 设备管理子系统

传统方法是用纸质图册、表格等手段来管理设备资料。GIS 系统将电网设施图形信息和数据库信息与地理信息进行有机结合。这样,图形信息和设备数据资料中加入了地理背景信息,把供电设施和网架结构与地理位置联系起来,使管理单位准确地掌握配电网的空间分布情况,更好地完成设备运行和维护工作。子系统提供多种辅助工具,对已有的基本台账数据、缺陷数据、检修数据、故障数据等进行管理,可进行模糊地名定位,在电网范围内划定区域,指定设备类型,构造检索条件,快速寻找指定目标,能够在线路上模拟线路挂牌操作,可以对线路中现有的线路挂牌进行检索,打印出图形和报表,从而提高行业工作效率。

6. 电网分析子系统

该子系统具有辅助决策的功能，在已有电网图上，完成拉闸停电分析、阻抗计算、可靠性计算，为决策者准确制定方案提供科学的依据。拉闸停电分析模拟开关通断状态，进行拉闸停电范围计算，所有被影响的电网闪烁显示；阻抗计算，点取网线直接计算电网阻抗，点取两设备，计算两设备之间电网的阻抗；可靠性计算，列出反映供电可靠性的12个参数值。

7. Web 发布

把电网图和变电站接线图等发布到服务器上，用户通过标准的浏览器，如 IE 浏览器等来查看电网图形、查询设备的属性。

目前，电力 GIS 系统的应用范围不断扩大，计算、分析等应用功能越来越强，发展趋势主要有：

向在线应用转化——早期的 GIS 系统是单一的静态的图形处理平台，系统和电网的实时系统结合，完成与电网监控系统（SCADA）的集成，给电网管理的现代化提供了形象而直观的支持。有的电力公司甚至认为，借助 GIS 所构成的输配电图形系统，将成为电网自动化的基础。

提高系统性能——电力应用 GIS 系统进行的分析、计算、研究的功能不断加强，由原来单纯的图形处理系统发展成可为电力系统提供多种技术解决方案的综合信息应用系统。利用 GIS 软件提供的完善的网络拓扑结构，结合网络设备的运行状态等各方面信息进行分析，提供辅助决策方案，例如负荷现状分析、提供负荷转移方案、模拟刀闸操作、用户报装分析、停电范围分析、提供配网辅助规划设计方案等。

8. GPS 在厂区控制中的应用

随着电力建设的快速发展，工期紧，任务重，有时甚至要求测量人员将初勘、终勘和施工图一次完成，这无疑对测量专业是个新的难题。现在，大容量的机组比较多，包括灰场、水源地、生活区在内的场区控制面积大约在 50 km^2，利用红外测距仪作三边网再加上一级导线和图根点，完成控制测量需一个多月。如果采用边角网和三角网，时间会更长。GPS 具有不受地形、地物的影响，不需要通视和全天候作业等优点，再加上补网的灵活性，使电厂厂区的首级控制网能在两三天之内完成，然后再利用 GPS 作一级导线和图根点，按常规方法要一个月才能完成的控制工作现仅用10天左右就能全部完成。

9. 在架空输电线路中的应用

无论是工测还是航测，在输电线路工程的测量中，应用 GPS 都能提高工效、减轻测量人员的劳动强度，发挥效益。GPS 应用于工测的选线，为避开障碍物、优化路径提供了便利条件。同时也给长期困扰不前的航测选线带来了前景。较常规的作业方法，用 GPS 作像控点，既经济又省时方便，而且缩短了工期。用 GPS 选定转角点或者实施三维坐标放样，又使航测真正达到了缩短路径、节约投资的目的。少砍伐树木，少拆迁，也是可以看得见的效益。在线路测量中，采用 GPS 配合航测将是电力行业的发展方向。

10. 为电网自动化装置提供精确时间标记

随着电网容量的不断扩大，为保障电力系统安全稳定运行，对电力系统的监控及保护装置提出了更高的要求，广大调度人员希望电网调度中心及各电站的时钟能够统一。随着电网自动化水平的提高，对系统统一时钟的要求愈来愈迫切。现代电网继电保护系统、系统频率监测、负荷管理、跨地区电网联络线负荷控制、运行报表统计、故障的定时定位和事件顺序记录(SOE)等都需要精确统一的时间。尤其是当电网继电保护动作时,什么保护先动作,什么保护后动作,其顺序如何,只有采用精确统一的时间,才能正确分析电网发生事故的原因。因此,电力系统时钟的精确和统一在电网中是十分重要的。

全球定位系统 GPS 的出现,为电力系统的时钟统一提供了有效的手段。国内外初步研究成果表明,GPS 系统在电力系统同步采样、定时、状态相量及频率测量等方面可得到广泛的应用。对于电力系统的状态估计、失稳预测、事故顺序记录、故障定位、改善监控及保护系统等都将产生根本性的变革。

国内现有的时钟系统,无论是从国外引进的,还是国内自己研制的,都存在这样或那样的问题,使用效果并不十分令人满意。而 GPS 系统定时精度高,接收使用方便,价格低廉,只要在各个调度中心站内安装接收机,直接与 GPS 输出时间信息对时,即可实现全网时钟统一,省去了用微波、远动等手段来传输对时,其精度高,且无积累误差。

参考文献

[1] 李巍,徐北辰,苟建兵. 电力企业信息集成技术应用[J]. 电力信息化,2005(6).

[2] 施永益,戴波. 浅谈电力企业信息化部门的定位与作用[J]. 电力信息化,2005,3(6).

[3] 纪建伟. 电力系统分析[M]. 北京:中国水利水电出版社,2002.

[4] 陈述彭,鲁学军,周成虎. 地理系统导论[M]. 北京:科学出版社, 1999.

[5] 陈述彭. 地球信息科学与区域持续发展[M]. 北京:测绘出版社,1995.

[6] 杜道生,陈军,李征航. RS、GIS、GPS 的集成与应用[M]. 北京:测绘出版社,1995.

第3章　地理信息系统

地理信息系统(Geographical Information System,GIS)是一种决策支持系统,它具有信息系统的各种特点。地理信息系统与其他信息系统的主要区别在于其存储和处理的信息是经过地理编码的,地理位置及与该位置有关的地物属性信息成为信息检索的重要部分。在地理信息系统中,现实世界被表达成一系列的地理要素和地理现象,这些地理特征至少由空间位置参考信息和非位置信息两个部分组成。

地理信息系统的定义是由两个部分组成的:一方面,地理信息系统是一门学科,是描述、存储、分析和输出空间信息的理论与方法的一门新兴的交叉学科;另一方面,地理信息系统是一个技术系统,是以地理空间数据库(Geospatial Database)为基础,采用地理模型分析方法,适时提供多种空间的和动态的地理信息,为地理研究和地理决策服务的计算机技术系统。

地理信息系统具有以下三个方面的特征:

第一,具有采集、管理、分析和输出多种地理信息的能力,具有空间性和动态性;

第二,由计算机系统支持进行地理空间数据管理,并由计算机程序模拟常规的或专门的地理分析方法,作用于空间数据,产生有用信息,完成人类难以完成的任务;

第三,计算机系统的支持是地理信息系统的重要特征,因而使得地理信息系统能快速、精确、综合地对复杂的地理系统进行空间定位和过程动态分析。

地理信息系统的外观,表现为计算机软硬件系统;其内涵却是由计算机程序和地理数据组织而成的地理空间信息模型。当具有一定地学知识的用户使用地理信息系统时,他所面对的数据不再是毫无意义的,而是把客观世界抽象为模型化的空间数据,用户可以按应用的目的观测这个现实世界模型的各个方面的内容,取得自然过程的分析和预测的信息,用于管理和决策,这就是地理信息系统的意义。一个逻辑缩小的、高度信息化的地理信息系统,从视觉、计量和逻辑上对地理系统在功能方面进行模拟,信息的流动以及信息流动的结果,完全由计算机程序的运行和数据的变换来仿真。地理学家可以在地理信息系统支持下提取地理系统各不同侧面、不同层次的空间和时间特征,也可以快速地模拟自然过程的演变或思维过程的结果,取得地理预测或"实验"的结果,选择优化方案,用于管理与决策。

3.1　概　述

3.1.1　地理信息系统类型

地理信息系统按其内容可以分为以下三大类:

(1)专题地理信息系统(Thematic GIS),是具有有限目标和专业特点的地理信息系统,为特定的专门目的服务。例如,森林动态监测信息系统、水资源管理信息系统、矿业资源信息系统、农作物估产信息系统、草场资源管理信息系统、水土流失信息系统等。

(2)区域信息系统(Regional GIS),主要以区域综合研究和全面的信息服务为目标,可以有不同的规模,如国家级的、地区或省级的、市级和县级的等为各不同级别行政区服务的区域信息系统;也有按自然分区或以流域为单位的区域信息系统,如加拿大国家信息系统、中国黄河流域信息系统等。许多实际的地理信息系统是介于上述二者之间的区域性专题信息系统,如北京市水土流失信息系统、海南岛土地评价信息系统、河南省冬小麦估产信息系统等。

(3)地理信息系统工具或地理信息系统外壳(GIS Tools),是一组具有图形图像数字化、存储管理、查询检索、分析运算和多种输出等地理信息系统基本功能的软件包。它们或者是专门设计研制的,或者是在完成了实用地理信息系统后抽取掉具体区域或专题的地理空间数据后得到的,具有对计算机硬件适应性强、数据管理和操作效率高、功能强且具有普遍性和实用性的信息系统,也可以用作 GIS 教学软件。

在通用的地理信息系统工具支持下建立区域或专题地理信息系统,不仅可以节省软件开发的人力、物力、财力,缩短系统建立周期,提高系统技术水平,而且使地理信息系统技术易于推广,并使广大地学工作者可以将更多的精力投入到高层次的应用模型开发上。

3.1.2 地理信息系统功能

3.1.2.1 核心任务

1. 位置(Locations)

该类问题即在某个特定的位置有什么。

首先,必须定义某个物体或地区信息的具体位置,常用的定义方法有:通过各种交互手段确定位置,或者直接输入一个坐标。

其次,指定了目标或区域的位置后,可以获得预期的结果及其所有或部分特性,例如当前地块所有者、地址、土地利用情况、估价等。

2. 条件(Conditions)

该类问题即什么地方有满足某些条件的东西。

首先,可以用某些方式指定一组条件,如从预定义的可选项中进行选取,填写逻辑表达式,在终端上交互地填写表格。

其次,指定条件后,可以获得满足指定条件的所有对象的列表,如在屏幕上以高亮度显示满足指定条件的所有特征。例如,其所在的土地类型为居民区、估价低于 200 000 美元、有 4 个卧室而且是木制的房屋。

3. 变化趋势(Trends)

该类问题需要综合现有数据,以识别已经发生了或正在发生变化的地理现象。

首先,确定趋势。当然趋势的确定并不能保证每次都正确,一旦掌握了一个特定的数据集,要确定趋势可能要依赖假设条件、个人推测、观测现象或证据报道等。

其次,针对该趋势,可通过对数据的分析,对该趋势加以确认或否定。地理信息系统可使用户快速获得定量数据以及说明该趋势的附图等。例如,通过 GIS,可以识别该趋势的特性:有多少柑橘地块转作他用? 现在作为何用? 某一区域中有多少发生了这种变化? 这种变化可回溯多少年? 哪个时间段能最好地反映该趋势,1 年、5 年还是 10 年? 变化率是增加了还是减少了?

4. 模式(Patterns)

该类问题是分析与已经发生或正在发生事件有关的因素。地理信息系统将现有数据组合在一起,能更好地说明正在发生什么,找出发生的事件与哪些数据有关。

首先,确定模式。模式的确定通常需要长期的观察,熟悉现有数据,了解数据间的潜在关系。

其次,模式确定后,可获得一份报告,说明该事件发生在何时何地、显示事件发生的系列图件。例如,机动车辆事故常常符合特定模式,该模式(即事故)发生在何处? 发生地点与时间有关吗? 是不是在某种特定的交叉处? 在这些交叉处又具有什么条件?

5. 模型(Models)

该类问题的解决需要建立新的数据关系以产生解决方案。

首先,建立模型,如选择标准、检验方法等。

其次,建立了一个或多个模型后,能产生满足特定的所有特征的列表,并着重显示被选择特征的地图,而且提供一个对所选择的特征进行详细描述的报表。例如要兴建一个儿童书店,用来选址的评价指标可能包括 10 min、15 min、20 min 可到达的空间区域,附近居住的 10 岁或 10 岁以下的儿童人数,附近家庭的收入情况,周围潜在竞争的情况。

3.1.2.2 功能

为了完成上述的地理信息系统的核心任务,需要采用不同的功能来实现它们。尽管目前商用 GIS 软件包的优缺点是不同的,而且它们在实现这些功能时所采用的技术也是不一样的,但是大多数商用 GIS 软件包都提供了如下功能:数据的获取(Data Acquisition)、数据的初步处理(Preliminary Data Processing)、数据的存储及检索(Storage and Retrieval)、数据的查询与分析(Search and Analysis)、图形的显示与交互(Display and Interaction)。

图 3-1 说明了这些功能之间的关系,以及它们操作(Manipulation)数据的不同表现。

从图 3-1 中可以看出,数据获取是从现实世界的观测以及现存文件、地图中获取数据。有些数据已经是数字化的形式,但是往往需要进行数据预处理,将原始数据转换为结构化的数据,以使其能够被系统查询和分析。查询分析是求取数据的子集或对其进行转换,并交互现实结果。在整个处理过程中,都需要数据存储检索以及交互表现的支持,换言之,这两项功能贯穿了地理信息系统数据处理的始终。

1. 数据采集、监测与编辑

主要用于获取数据,保证地理信息系统数据库中的数据在内容与空间上的完整性、数值逻辑一致性与正确性等。一般而论,地理信息系统数据库的建设占整个系统建设投资的 70% 或更多,并且这种比例在近期内不会有明显的改变。因此,信息共享与自动化数据输入成为地理信息系统研究的重要内容。目前,可用于地理信息系统数据采集的方法与技术很多,有些仅用于地理信息系统,如手扶跟踪数字化仪;自动化扫描输入与遥感数据集成最为人们所关注。扫描技术的应用与改进,实现扫描数据的自动化编辑与处理仍

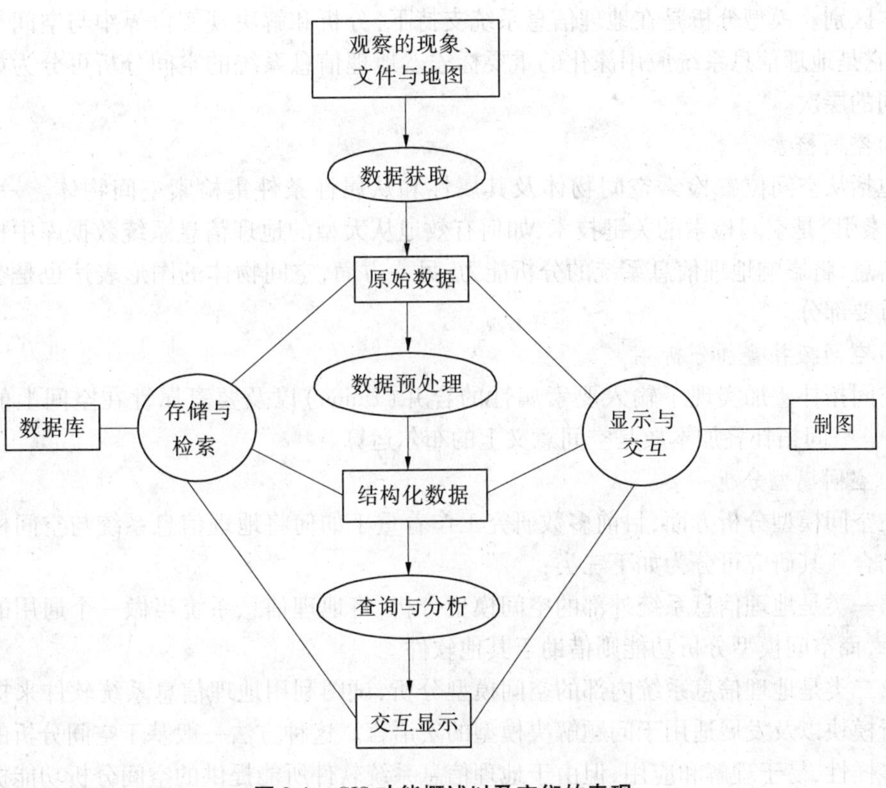

图 3-1　GIS 功能概述以及它们的表现

是地理信息系统数据获取研究的主要技术关键。

2. 数据处理

初步的数据处理主要包括数据格式化、转换、概括。数据的格式化是指不同数据结构的数据间变换，是一种耗时、易错、需要大量计算的工作，应尽可能避免。数据转换包括数据格式转化、数据比例尺的变化等。在数据格式的转换方式上，矢量到栅格的转换要比其逆运算快速、简单。数据比例尺的变换涉及数据比例尺缩放、平移、旋转等方面，其中最为重要的是投影变换。制图综合包括数据平滑、特征集结等，目前地理信息系统所提供的数据概括功能极弱，与制图综合的要求还有很大差距，需要进一步发展。

3. 数据存储与组织

这是建立地理信息系统数据库的关键步骤，涉及空间数据和属性数据的组织。栅格模型、矢量模型或栅格/矢量混合模型是常用的空间数据组织方法。空间数据结构的选择在一定程度上决定了系统所能执行的数据与分析的功能；在地理数据组织与管理中，最为关键的是如何将空间数据与属性数据融合为一体。目前大多数系统都是将二者分开存储，通过公共项（一般定义为地物标识码）来连接。这种组织方式的缺点是数据的定义与数据操作相分离，无法有效记录地物在时间域上的变化属性。

4. 空间查询与分析

空间查询是地理信息系统以及许多其他自动化地理数据处理系统应具备的最基本的分析功能；而空间分析是地理信息系统的核心功能，也是地理信息系统与其他计算机系统的根本区别。模型分析是在地理信息系统支持下,分析和解决现实世界中与空间相关的问题,它是地理信息系统应用深化的重要标志。地理信息系统的空间分析可分为如下三个不同的层次。

1)空间检索

包括从空间位置检索空间物体及其属性和从属性条件集检索空间物体。一方面,"空间索引"是空间检索的关键技术,如何有效地从大型的地理信息系统数据库中检索出所需信息,将影响地理信息系统的分析能力;另一方面,空间物体的图形表达也是空间检索的重要部分。

2)空间拓扑叠加分析

空间拓扑叠加实现了输入要素属性的合并(Union)以及要素属性在空间上的连接(Join)。空间拓扑叠加本质是空间意义上的布尔运算。

3)空间模型分析

在空间模型分析方面,目前多数研究工作着重于如何将地理信息系统与空间模型分析相结合。其研究可分为如下三类:

第一类是地理信息系统外部的空间模型分析,将地理信息系统当做一个通用的空间数据库,而空间模型分析功能则借助于其他软件。

第二类是地理信息系统内部的空间模型分析,试图利用地理信息系统软件来提供空间分析模块以及发展适用于问题解决模型的宏语言。这种方法一般基于空间分析的复杂性与多样性,易于理解和应用,但由于地理信息系统软件所能提供的空间分析功能极为有限,这种紧密结合的空间模型分析方法在实际地理信息系统的设计中较少使用。

第三类是混合型的空间模型分析,其宗旨在于尽可能地利用地理信息系统所提供的功能,同时也充分发挥地理信息系统使用者的能动性。

5. 图形与交互显示

地理信息系统为用户提供了许多用于地理数据表现的工具,其形式既可以是计算机屏幕显示,也可以是诸如报告、表格、地图等硬拷贝图件,尤其要强调的是地理信息系统的地图输出功能。一个好的地理信息系统应能提供一种良好的、交互式的制图环境,以供地理信息系统的使用者设计和制作出高质量的地图。

3.1.3 地理信息系统的组成

一个完整的 GIS 主要由四个部分构成,即计算机硬件系统、计算机软件系统、空间数据以及系统开发、管理和使用人员。其核心部分是计算机系统(软件和硬件),空间数据反映 GIS 的地理内容,而开发、管理和使用人员则决定系统的工作方式和信息表示方式。系统构成如图 3-2 所示。

3.1.3.1 计算机硬件系统

计算机硬件系统是计算机系统中实际物理装置的总称,是 GIS 的物理外壳。系统的规模、精度、速度、功能、形式、使用方法甚至软件都与硬件有极大的关系,受硬件指标的支持或制约。GIS 由于其任务的复杂性和特殊性,必须由计算机设备支持。构成计算机硬件系统的基本组件包括输入/输出设备、中央处理单元、存储器等,这些硬件组件协同工

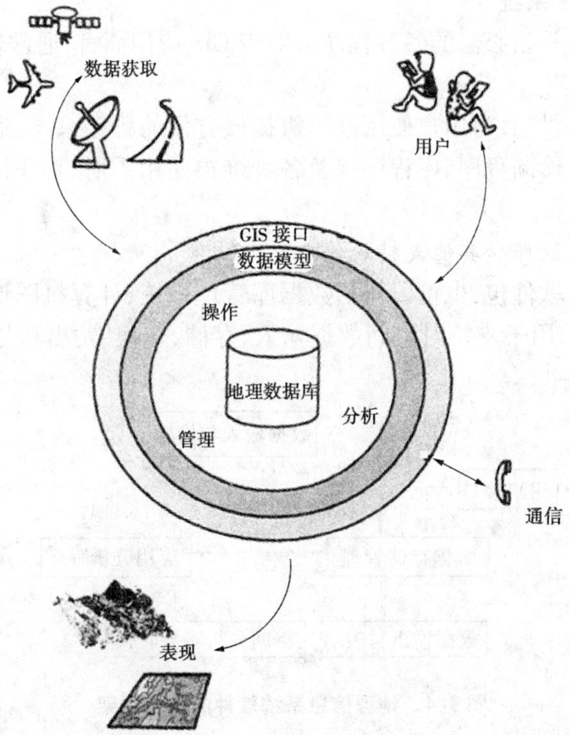

图 3-2　地理信息系统的构成

作,向计算机系统提供必要的信息,使其完成任务;保存数据以备现在或将来使用;将处理得到的结果或信息提供给用户。图 3-3 表示了常见的实现输入输出功能的计算机外部设备。

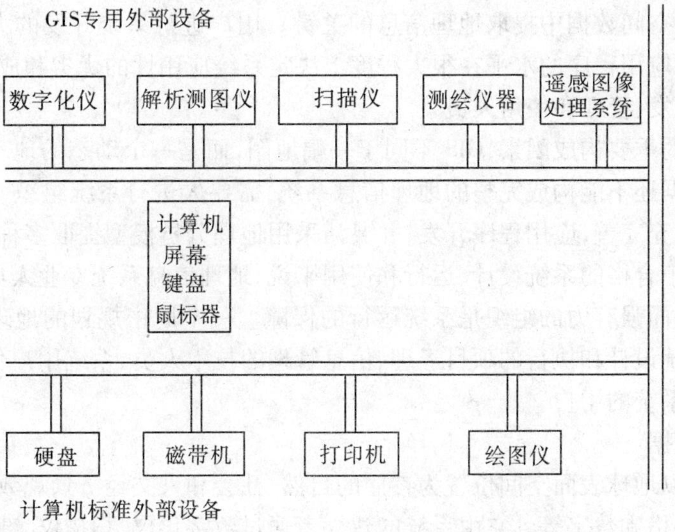

图 3-3　计算机标准外部设备和 GIS 专用外部设备

3.1.3.2 计算机软件系统

计算机软件系统是指必需的各种程序。对于 GIS 应用而言,通常包括以下几种。

1. 计算机系统软件

由计算机厂家提供的、为用户使用计算机提供方便的程序系统,通常包括操作系统、汇编程序、编译程序、诊断程序、库程序以及各种维护使用手册、程序说明等,是 GIS 日常工作所必需的。

2. 地理信息系统软件和其他支持软件

包括通用的 GIS 软件包,也可以包括数据库管理系统、计算机图形软件包、计算机图像处理系统、CAD 等,用于支持对空间数据输入、存储、转换、输出和与用户接口。GIS 软件包功能结构见图 3-4。

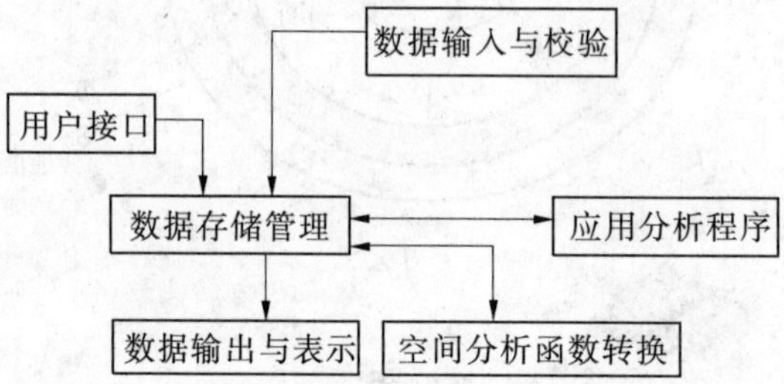

图 3-4 地理信息系统软件的功能框架

3. 应用分析程序

系统开发人员、用户根据地理专题、区域分析模型编制的用于某种特定应用任务的程序,是系统功能的扩充与延伸。在 GIS 工具支持下,应用程序的开发应是透明的和动态的,与系统的物理存储结构无关,而随着系统应用水平的提高不断优化和扩充。应用程序作用于地理专题或区域数据,构成 GIS 的具体内容,这是用户最为关心的真正用于地理分析的部分,也是从空间数据中提取地理信息的关键。用户进行系统开发的大部分工作是开发应用程序,而应用程序的水平在很大程度上决定系统应用性的优劣和成败。

3.1.3.3 系统开发、管理和使用人员

人是 GIS 中的重要构成因素,GIS 不同于一幅地图,而是一个动态的地理模型。仅有系统软硬件和数据还不能构成完整的地理信息系统,需要人进行系统组织、管理、维护和数据更新,系统扩充完善,应用程序开发,并灵活采用地理分析模型提取多种信息,为研究和决策服务。对于合格的系统设计、运行和使用来说,地理信息系统专业人员是地理信息系统应用的关键,而强有力的组织是系统运行的保障。一个周密规划的地理信息系统项目应包括负责系统设计和执行的项目经理、信息管理的技术人员、系统用户化的应用工程师以及最终运行系统的用户。

3.1.3.4 空间数据

空间数据是以地球表面空间位置为参照的自然、社会和人文经济景观数据,可以是图形、图像、文字、表格和数字等。它由系统的建立者通过数字化仪、扫描仪、键盘、磁带机或其他系统通信输入 GIS,是系统程序作用的对象,是 GIS 所表达的现实世界经过模型抽象的实质性内容。在 GIS 中,空间数据主要包括以下几种。

1. 某个已知坐标系中的位置

即几何坐标,标识地理景观在自然界或包含某个区域的地图中的空间位置,如经纬度、平面直角坐标、极坐标等,采用数字化仪输入时通常采用数字化仪直角坐标或屏幕直角坐标。

2. 实体间的空间关系

实体间的空间关系通常包括:度量关系,如两个地物之间的距离远近;延伸关系(或方位关系),定义了两个地物之间的方位;拓扑关系,定义了地物之间连通、邻接等关系,是 GIS 分析中最基本的关系,其中包括了网络结点与网络线之间的枢纽关系、边界线与面实体间的构成关系、面实体与岛或内部点的包含关系等。图 3-5 示出了几种典型的拓扑关系。

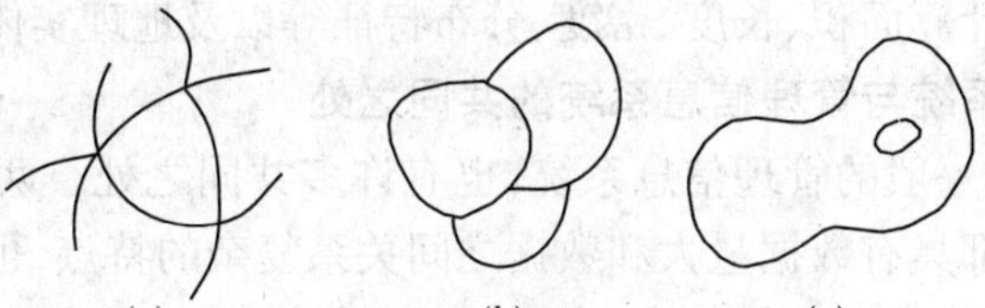
(a) (b) (c)

图 3-5 几种典型的拓扑关系

3. 与几何位置无关的属性

即通常所说的非几何属性或简称属性,是与地理实体相联系的地理变量或地理意义。属性分为定性和定量两种,前者包括名称、类型、特性等,后者包括数量和等级;定性描述的属性如土壤种类、行政区划等,定量的属性如面积、长度、土地等级、人口数量等。非几何属性一般是经过抽象的概念,通过分类、命名、量算、统计得到。任何地理实体至少有一个属性,而地理信息系统的分析、检索和表示主要是通过属性的操作运算实现的,因此属性的分类系统、量算指标对系统的功能有较大的影响。

3.1.4 地理信息系统与管理信息系统

从数据源的角度来看,图形和图像数据是地理信息系统数据的一个主要来源,分析处理的结果也常用图形的方式来表示。而一般的管理信息系统,则多以统计数据、表格数据为主。这一点也使地理信息系统在硬件和软件上与一般的管理信息系统有所区别。

3.1.4.1 地理信息系统与管理信息系统的区别

在硬件上,为了处理图形和图像数据,地理信息系统需要配置专门的输入和输出设备,如数字化仪、绘图机、图形图像的显示设备等;许多野外实地采集和台站的观测所得到的资源信息是模拟量形式,故系统还需要配置模—数转换设备。这些设备往往超过中央处理机的价格,体积也比较大。

在软件上,则要求研制专门的图形和图像数据的分析算法与处理软件,这些算法与软件又直接和数据的结构及数据库的管理方法有关。

在信息处理的内容和采用目的方面,一般的管理信息系统主要是查询检索和统计分析,处理的结果大多是制成某种规定格式的表格数据;而地理信息系统,除基本的信息检索和统计分析外,主要用于分析研究资源的合理开发利用,制定区域发展规划、地区的综合治理方案,对环境进行动态的监测和预测预报,为国民经济建设中的决策提供科学依据,为生产实践提供信息和指导。

由于地理信息系统是一个复杂的自然和社会的综合体,所以信息的处理必然是多因素的综合分析。系统分析是基本的方法,例如,研究某种地理信息系统中各组成部分间的相互关系,利用统计数据建立系统的数学模型,根据给定的目标函数,进行数学规划,寻求最优方案,使该系统的经济效益为最佳;或者分析系统中各部分之间的反馈联系,建立系统的结构模型,采用系统动力学的方法,进行动态分析,研究系统状态的变化和预测发展趋势等。计算机仿真是一种有效而经济的分析方法,便于分析各种因素的影响和进行方案的比较,在自然环境和社会经济的许多应用研究中常被采用。此外,地理信息系统还有分析量算的功能,如计算面积、长度、密度、分布特征等以及地理实体之间的关系运算。

3.1.4.2 地理信息系统与管理信息系统的共同之处

地理信息系统和一般的管理信息系统,也有许多共同之处。两者都是以计算机为核心的信息处理系统,都具有数据量大和数据之间关系复杂的特点,也都随着数据库技术的发展在不断地改进和完善。比较起来,商用的管理信息系统发展快,用户数量大,而且已有定型的软件产品可供选用,这也促进了软件系统的标准化。

地理信息系统由于上述一些特点,多是根据具体的应用要求专门设计的,不同地理信息系统的数据格式和组织管理方法各不相同。目前国外已有几百个空间数据处理系统和软件包,几乎没有两个系统是一样的,尽管大家都认为标准化是很重要的,也作了许多努力(例如建立计算机制图的标准和规范),但分析的算法和软件系统还谈不上标准化的问题。事实上,地理信息系统正作为一种空间信息的处理系统,成为一个单独的研究和发展领域。

3.2 地理空间数据库的组织和管理

描述地理实体的数据本身的组织方法,称为内部数据结构。内部数据结构基本上可以分为两大类,即矢量结构和栅格结构。两类结构都可以用来描述地理实体的点、线、面三种基本类型。实体的非几何属性可以和几何属性存储在一起,也可以通过指针结构相关联。内部数据结构是和一定输出相关联的。矢量结构是跟踪式数字化仪的直接产物,在矢量数据结构中,点数据可直接用坐标值描述;线数据可用均匀或不均匀间隔的顺序坐标链来描述;面状数据(或多边形数据)可用边界线来描述。矢量数据的组织形式较为复杂,以弧段为基本逻辑单元,而每一弧段为两个或两个以上相交结点所限制,并为两个相邻多边形属性所描述;栅格结构则是经扫描式数字仪器得到的数据格式,适用于屏幕显示和行式打印输出。

空间数据管理是以给定的内部数据结构为基础,通过合理的组织管理,力求有效地实现系统应用要求。假若内部数据结构是寻求一种描述地理实体的有效的数据表示方法,那么空间数据管理就是根据应用的要求建立实体的数据结构和实体之间的关系,把它们合理组织起来,便于应用。显然,通常所讨论的数据库管理系统是解决这一问题的主要途径。但是由于地理信息系统具有空间信息的特征,目前通用的数据库管理系统并不支持二维或三维空间信息的管理,因此在现有的上百个空间信息系统中,很少采用通用的数据库管理系统。

目前,空间信息系统的数据管理基本上采用数据文件管理方式。设计者根据应用目的,采取他自己认为最方便、最有效的数据组织和存储方法,所以每个系统各不相同。内部数据结构同样的矢量结构,实体属性的编码方法、字节安排、记录格式、数据文件的组织等未尽一样。数据组织往往和采用的算法相联。有些系统把实体的几何属性和非几何属性组织在同一记录中(如地理信息检索和分析系统 GIRAS);有的则把两者分开(如加拿大地理信息系统 CGIS 中的图像描述集(IDS)和数据描述集)。通常数据文件顺序存储在磁盘上。文件可以按实体的类型来分,一个文件,一类实体或一类属性,也可以按地区范围来分。文件之间基本是独立的,没有交叉联系。

近年来,已研发了一些系统。这些系统大多数在现有的数据库管理系统基础上,进行功能扩充,设计了专用的图形接口和图片信息查询语言,实现空间信息检索、显示和操作运算。

3.2.1 空间数据库

一个信息系统及其数据库的组成,决定于系统的应用目的、数据类型和系统的工作方式。地理信息系统的一个重要特点,或者说是与一般管理信息系统的区别,是数据具有空间分布的性质。对地理信息系统来讲,不仅数据本身具有空间属性,系统的分析和应用也无不与地理环境直接关联。系统的这一基本特征,深刻地影响着数据的结构、数据库的设计、分析算法和软件,以及系统的输入和输出。

3.2.1.1 数据库的概念

数据库就是为一定目的服务,以特定的数据存储的相关联的数据集合,它是数据管理的高级阶段,是从文件管理系统发展而来的。地理信息系统的数据库(简称空间数据库或地理数据库)是某一区域内关于一定地理要素特征的数据集合。为了直观地理解数据库,可以把数据库与图书馆作如下比较,见表 3-1。

表 3-1 数据库与图书馆比较

数据库	图书馆
数据	图书
数据模型	书卡编目
数据的物理组织	图书存放规则、书架
数据库管理系统	图书管理员
外存	书库
用户	读者
数据存取	图书阅览

3.2.1.2 数据库特点

空间数据库与一般数据库相比,具有以下特点:

• 数据量特别大。地理系统是一个复杂的综合体,要用数据来描述各种地理要素,尤其是要素的空间位置,其数据量往往很大。

• 不仅有地理要素的属性数据(与一般数据库中的数据性质相似),还有大量的空间数据,即描述地理要素空间分布位置的数据,并且这两种数据之间具有不可分割的联系。

• 数据应用广泛,例如地理研究、环境保护、土地利用与规划、资源开发、生态环境、市政管理、道路建设等。

3.2.1.3 数据库管理系统

数据库是关于事物及其关系的信息组合,早期的数据库数据本身与其属性是分开存储的,只能满足简单的数据恢复和使用。数据定义使用特定的数据结构定义,利用文件形式存储,称之为文件处理系统。

文件处理系统是数据库管理最普遍的方法,但是有很多缺点:首先每个应用程序都必须直接访问所使用的数据文件,应用程序完全依赖于数据文件的存储结构,数据文件修改时应用程序也随之修改;其次是数据文件的共享问题,由于若干用户或应用程序共享一个数据文件,要修改数据文件必须征得所有用户的认可;再次,由于缺乏集中控制,也会带来一系列数据库的安全问题。另外,数据库的完整性是严格的,信息质量很差比没有信息更糟。

数据库管理系统(Database Management System,DBMS)是在文件处理系统的基础上进一步发展的系统。DBMS 在用户应用程序和数据文件之间起到了桥梁作用。DBMS 的最大优点是提供了两者之间的数据独立性,即应用程序访问数据文件时,不必知道数据文件的物理存储结构。当数据文件的存储结构改变时,不必改变应用程序。

用标准的 DBMS 来存储空间数据,不如存储表格数据那样好,其主要问题如下:

• 在 GIS 中,空间数据记录是变长的,因为需要存储的坐标点的数目是变化的,而一般数据库都只允许把记录的长度设定为固定长度。不仅如此,在存储和维护空间数据拓扑关系方面,DBMS 也存在着严重的缺陷。因而,一般要对标准的 DBMS 增加附加的软件功能。

• DBMS 一般都难以实现对空间数据的关联、连通、包含、叠加等基本操作。

• GIS 需要一些复杂的图形功能,一般的 DBMS 不能支持。

• 地理信息是复杂的,单个地理实体的表达需要多个文件、多条记录,或许包括大地网、特征坐标、拓扑关系、空间特征量测值、属性数据的关键字以及非空间专题属性等,一般的 DBMS 也难以支持。

• 具有高度内部联系的 GIS 数据记录需要更复杂的安全性维护系统,为了保证空间数据库的完整性,保护数据文件的完整性,保护系列必须与空间数据一起存储,否则一条记录的改变就会使其他数据文件产生错误。一般的 DBMS 都难以保证这些。

GIS 数据管理方法主要有如下 4 种类型:

对不同的应用模型开发独立的数据管理服务,这是一种基于文件管理的处理方法。

在商业化的 DBMS 基础上开发附加系统,开发一个附加软件用于存储、管理空间数据和空间分析,使用 DBMS 管理属性数据。

使用现有的 DBMS,通常是以 DBMS 为核心,对系统的功能进行必要扩充,空间数据和属性数据在同一个 DBMS 管理之下。需要增加足够数量的软件和功能来提供空间功能和图形显示功能。

重新设计一个具有空间数据和属性数据管理、分析功能的数据库系统。

3.2.2 空间数据组织与结构

3.2.2.1 内部数据结构

描述地理实体的数据本身的组织方法,称为内部数据结构。空间数据结构是指适合于计算机系统存储、管理和处理的地学图形的逻辑结构,是地理实体的空间排列方式和相互关系的抽象描述。它是对数据的一种理解和解释,不说明数据结构的数据是毫无用处的,不仅用户无法理解,计算机程序也不能正确的处理。对同样的一组数据,按不同的数据结构去处理,得到的可能是截然不同的内容。空间数据结构是地理信息系统沟通信息的桥梁,只有充分理解地理信息系统所采用的特定数据结构,才能正确地使用系统。

内部数据结构基本上可分为两大类:矢量结构和栅格结构。两类结构都可用来描述地理实体的点、线、面三种基本类型,如图 3-6 所示。

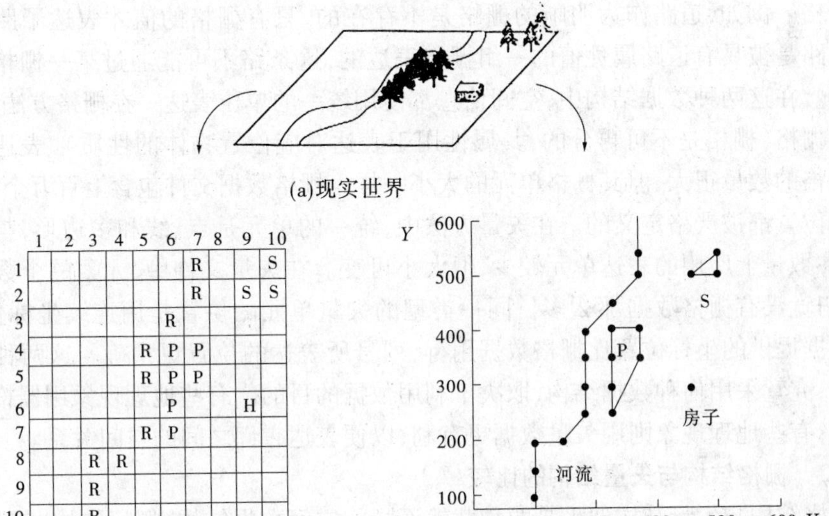

(a)现实世界

(b)栅格表示形式

(c)矢量表示形式

图 3-6 矢量结构和栅格结构

空间数据编码是空间数据结构得以实现的有效方法,即将根据地理信息系统的目的和任务所搜集的、经过审核了的地形图、专题地图和遥感影像等资料按特定的数据结构转换为适合于计算机存储和处理的数据的过程。由于地理信息系统数据量极大,一般采用压缩数据的编码方式以减少数据冗余。

在地理信息系统的空间数据结构中,栅格结构的编码方式主要有直接栅格编码、链码、游程长度编码、块码、四叉树码等;矢量结构主要有坐标序列编码、树状索引编码和二元拓扑编码等编码方法。

在矢量模型中,现实世界的要素位置和范围可以采用点、线或面表达,与它们在地图上表示相似，每一个实体的位置用它们在坐标参考系统中的空间位置（坐标）定义。地图空间中的每一位置都有唯一的坐标值。点、线和多边形用于表达不规则的地理实体在现实世界的状态（多边形是由若干直线围成的封闭区域的边界）。一条线可能表达一条道路，一个多边形可能表达一块林地等。矢量模型中的空间实体与要表达的现实世界中的空间实体具有一定的对应关系。

在栅格模型中，空间被规则地划分为栅格（通常为正方形）。地理实体的位置和状态是用它们占据的栅格的行、列来定义的。每个栅格的大小代表了定义的空间分辨率。由于位置是由栅格行列号定义的，所以特定的位置由距它最近的栅格记录决定。例如，某个区域被划分成 10×10 个栅格，那么仅能记录位于这 10×10 个栅格附近的物体的位置。栅格的值表达了这个位置上物体的类型或状态。采用栅格方法，空间被划分成大量规则格网，而且每个栅格取值可能不一样。空间单元是栅格，每一个栅格对应于一个特定的空间位置，如地表的一个区域，栅格的值表达了这个位置的状态。

与矢量模型不一样，栅格模型最小单元与它表达的真实世界空间实体没有直接的对应关系。栅格数据模型中的空间实体单元不是通常概念上理解的物体，它们只是彼此分离的栅格。例如，道路作为明晰的栅格是不存在的，只有栅格的值才表达了路是一个实体。道路是被具有道路属性值的一组栅格表达的，这条路不可能通过某一栅格实体被识别出来。在这两种数据结构中，空间信息都使用统一的单位表达。在栅格方法中，统一的单位是栅格（栅格是不可再分的，其属性用于表达对应位置物体的性质），表达一个区域所用栅格的数量很大，但其栅格单元的大小一样。栅格数据文件包含上百万个栅格，每个栅格的位置都被严格定义的。在矢量方法中，统一的单元是点、线和多边形，与栅格方法相比，在数量上所用的表达单元较少，但大小可变。在矢量文件中，元素的个数或许数千个，但毕竟没有栅格数据那么多。同一类型的矢量单元的位置是用连续坐标值定义的。矢量数据提供的坐标位置比栅格数据用行、列号所表达的位置更精确。这两种方法各有优缺点，究竟采用何种数据结构，取决于利用数据的目的。有些地理现象用栅格数据表达更合适；有些地理现象则用矢量数据更有利，以便表达它们之间的空间关系。

3.2.2.2　栅格结构与矢量结构的比较

栅格结构与矢量结构似乎是两种截然不同的空间数据结构，栅格结构“属性明显、位置隐含”，而矢量结构“位置明显、属性隐含”。栅格数据操作总的来说比较容易实现，尤其是作为斑块图件的表示更易于为人们接受；而矢量数据操作则比较复杂，许多分析操作（如两张地图的覆盖操作，点或线状地物的邻域搜索等）用矢量结构实现十分困难，矢量结构表达线状地物是比较直观的，而面状地物则是通过对边界的描述而表达。无论哪种结构，数据精度和数据量都是一对矛盾，要提高精度，栅格结构需要更多的栅格单元，而矢量结构则需记录更多的线段结点。一般来说，栅格结构只是矢量结构在某种程度上的一种近似，如果要使栅格结构描述的图件取与矢量结构同样的精度，甚至仅仅在量值上接近，则数据也要比后者大得多。

栅格结构在某些操作上比矢量结构更有效、更易于实现，如按空间坐标位置搜索，对于栅格结构是极为方便的，而对矢量结构则搜索时间要长得多；在给定区域内的统计指标运算，包括计算多边形形状、面积、线密度、点密度，栅格结构可以很快算得结果，而采用矢量结构则由于所在区域边界限制条件难以提取而降低效率；对于给定范围的开窗、缩放，栅格结构也比矢量结构优越。另一方面，矢量结构用于拓扑关系的搜索则更为高效，即诸如计算多边形形状，搜索邻域、层次信息等；对于网络信息只有矢量结构才能完全描述；在计算精度与数据量方面的优势也是矢量结构比栅格结构受到欢迎的原因之一。对图 3-7 而言，假设坐标精度要求为万分之一，即 5 位数字，采用矢量结构需记录 40 个结点，每个结点用两个双字节整数记录 x、y 坐标，加上对其他说明信息的描述，200 个字节足够了；而若用基本栅格记录，则需 $10\ 000 \times 10\ 000 = 10^8$ 个字节，即使采用单字节记录栅格代码（不超过 255），也需约 500 万个字节。当然实际图形的矢量结构记录采点一般要比图 3-7 密得多，但数据量仍大大少于栅格结构的数据量。

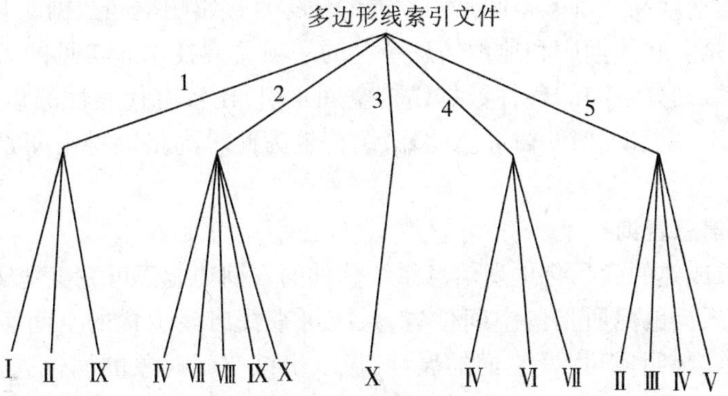

图 3-7　线与多边形之间的树状索引

栅格结构除可使大量的空间分析模型得以容易实现外，还具有以下两个特点：

(1) 易于与遥感相结合。遥感影像是以像元为单位的栅格结构，可以直接将原始数据或经过处理的影像数据纳入栅格结构的地理信息系统。

(2) 易于信息共享。目前还没有一种公认的矢量结构地图数据记录格式，而不经压缩编码的栅格格式即整数型数据库阵列则易于为大多数程序设计人员和用户理解、使用，因此以栅格数据为基础进行信息共享的数据交流较为实用。

许多实践证明，栅格结构和矢量结构在表示空间数据上可以是同样有效的。对于一个 GIS 软件，较为理想的方案是采用两种数据结构，即栅格结构与矢量结构并存，这对于提高地理信息系统的空间分辨率、数据压缩率和增强系统分析、输入输出的灵活性十分重要。两种格式的比较见表 3-2。

表 3-2　矢量格式与栅格格式的比较

数据	优点	缺点
矢量数据	1. 数据结构紧凑、冗余度低； 2. 有利于网络检索分析； 3. 图形显示质量好、精度高	1. 数据结构复杂； 2. 多边形叠加分析比较困难
栅格数据	1. 数据结构简单； 2. 便于空间分析和地表模拟； 3. 现势性较强	1. 数据量大； 2. 投影转换比较复杂

3.2.2.3 空间索引

栅矢一体化空间数据结构一个重要的研究领域是如何建立有效的空间索引结构。目前对线要素索引结构研究较多,主要有 PMR 四叉树、带树和桶方法等,而面要素的索引结构主要有四叉树和 R 树等。这些结构各有自己的应用领域和相对优势,同时也都存在着不足。

空间索引就是指依据空间对象的位置和形状或空间对象之间的某种空间关系按一定的顺序排列的一种数据结构,其中包含空间对象的概要信息,如对象的标识、外接矩形及指向空间对象实体的指针。作为一种辅助性的空间数据结构,空间索引介于空间操作算法和空间对象之间,它通过筛选作用,大量与特定空间操作无关的空间对象被排除,从而提高空间操作的速度和效率。空间索引性能的优劣直接影响空间数据库和地理信息系统的整体性能,它是空间数据库和地理信息系统的一项关键技术。常见的大空间索引一般是自顶向下、逐级划分空间的各种数据结构空间索引,比较有代表性的包括 BSP 树、K－D－B 树、R 树、R＋树和 CELL 树等。此外,结构较为简单的格网型空间索引有着广泛的应用。

3.2.2.4 空间信息查询

目前大多数成熟的商品化地理信息系统软件的查询功能都可完美地实现对空间实体的简单查找,如根据鼠标所指的空间位置,系统可查找出该位置的空间实体和空间范围(由若干个空间实体组成)以及它们的属性,显示出该空间对象的属性列表,并可以进行有关统计分析。

查询工作可分为两步:首先借助于空间索引,在空间数据库中快速检索出被选空间实体;然后,根据空间数据和属性数据的连接即可得到该空间实体的属性列表。

一般来说,基于属性信息的查询操作主要是在属性数据库中完成的。目前大多数的地理信息系统软件都将属性信息存储在关系数据库中,而发展成熟的关系数据库又为我们提供了完备的数据索引方法及信息查询手段。几乎所有的关系数据库管理系统都支持标准的结构化查询语言。利用“空间查询语言”(Spatial Query Language,SQL),我们可以在属性数据库中很方便地实现属性信息的复合条件查询,筛选出满足条件的空间实体的标识值,再到空间数据库中根据标识值检索到该空间实体。

空间实体间有着许多空间关系(包括拓扑、顺序、度量等关系)。在实际应用过程中,用户往往希望地理信息系统提供一些更能直接计算空间实体关系的功能,如用户希望查询出满足如下条件的城市:A. 在某条铁路的东部;B. 距离该铁路不超过 30 km;C. 城市人口大于 70 万人;D. 城市选择区域是特定的多边形。整个查询计算涉及了空间顺序关系(铁路东部)、空间距离关系(距离该铁路不超过 30 km)、属性信息查询(城市人口大于 70 万人)、空间拓扑关系(被选城市在特定的选择区域之内)。

就目前成熟的地理信息系统而言,比较系统地完成上述查询任务还较为困难。为此,众多的地理信息系统专家提出了 SQL 以作为解决问题的方案,但其仍处于理论发展和技术探索阶段。

查询、检索是地理信息系统中使用最频繁的功能之一。GIS 用户提出的大部分问题都可以表达为查询形式,即空间查询语言不仅可以使 GIS 用户方便地访问、查询和处理空间数据,也可以实现空间数据的安全性和完整性控制。相对于一般 SQL,空间扩展 SQL 主要增加了空间数据类型和空间操作算子,以满足空间特征的查询。

空间特征包含空间属性和非空间属性,空间属性由特定的"Location"字段来表示。空间数据类型除具有一般的整型、实型、字符串外,还具有下列空间数据类型:点类型、弧段类型、不封闭的线类型、多边形类型(Polygon)、图像类型、复杂空间特征类型。以上类型是针对"位置"字段而言的。

GeoSQL 中的空间操作算子是指带有参数的函数。通常它以空间特征为参数,返回空间特征或数值。空间操作算子主要分为两类:一元空间操作算子和二元空间操作算子。通常,标准 SQL 的一般形式为:SELECT…FROM…WHERE,分别对应关系操作投影、笛卡儿积和选择,其中,FROM 语句代表所给关系的笛卡儿积,也就是定义了一个单独的关系。WHERE 语句中的选择和 SELECT 语句中的投影均作用于该关系上。尽管 GeoSQL 属于非过程化文本语言,但为使操作简单方便,它仍可以借鉴可视化查询语言的特点,即使用图符、列表框等组件来尽量减少用户的文本输入,同时也可防止输入时由于误记、语义误解等产生的语法错误。

3.2.2.5 空间数据分层组织

栅格数据结构可按每种属性数据形成一个独立的叠置层,各层叠置在一起则形成三维数据阵列。原则上,层的数量是无限制的,仅因存储空间有限才限制了层的数量。

同样层的概念也用于矢量数据结构,特别是计算机辅助设计系统中很频繁地使用。但与栅格结构不同的是,计算机辅助设计系统中的矢量结构的层用来区分空间实体的类别,是为了制图和显示。在栅格结构中新的属性就意味着在数据库中增加新的一层。

层信息通常加在图形数据中,即将位序列码附在每个图形实体的数据记录头上,位序列码可以形成 64 种或 256 种不同的层。具体层数取决于信息系统本身。另外,记录头还可按主要属性类别进行更加灵活的编码。属性类别则可由用户定义,例如铁路、主要公路、小河流或土壤类型等。层系统使被显示图形实体的计数、标记、选择都变得很方便。

(1)按专题分层。每层对应于一个专题,包含一种或几种不同的信息,服务于某一特定的用途或目的。例如:自然资源研究,需要河床地质、地下状况、土地利用、土壤类型、排水管道、海平面高度、坡度、坡向,以及运输工具等组成专题数据;城市规划的信息则包括街道、公交路线、交通工具、税收、给水排水、电力电信、文化教育、金融、卫生、旅游、保险、公安消防、区域经济、土地使用情况等方面。

(2)按时间序列分层:以不同的时间或者时期进行分层。

(3)以地面垂直高度分层。

3.2.3 空间数据的管理

数据库方法与文件管理方法相比,具有以下优点:

(1)集中控制。一个数据库在一个人或一个小组的集中管理之下,保证了数据信息的完整性、安全性和数据质量标准的规范性。

(2)数据可以充分共享。数据库中的数据可以被不同用户共享使用,对于应用程序产生的新的数据,又可充实数据库的内容。

(3)数据的独立性。应用程序与数据的物理存储格式独立。

(4)易扩充新的数据库应用。使用 DBMS 提供的服务工具,易于扩充新的数据库应用程序和数据库查询。

(5)用户直接访问数据库。数据库系统一般都提供一种界面,使用户不需要编程就能完成复杂的分析。同时,数据库提供一种方法来控制数据库的访问和操作,维护一致性和保护数据库的完整性。

(6)冗余信息得到控制。在文件管理的系统中,彼此分离的数据文件对应于特定的应用程序,数据有较大的冗余,这种数据冗余不仅增加了数据存储的时间和空间,而且也给数据更新带来了不便。DBMS 则有效控制了这种冗余。

(7)多种用户观点。DBMS 能提供给用户方便的界面,用以产生和支持多用户观点。

数据库方法也存在着缺点,表现在以下几个方面:

(1)建立数据库的费用较高。数据库系统软件和与之相联系的任何硬件都可能是昂贵的。

(2)添加内容时变得复杂,数据库系统比文件系统管理复杂得多。从理论上讲,系统越复杂,越容易失败,恢复也越困难。

(3)风险集中化。数据集中存储,虽然减少了数据冗余,但集中存储也同样使数据损坏和丢失的风险增加了。一般 DBMS 会使这种风险降低到最小程度。

3.3 地理信息系统的企业化及其问题

3.3.1 实验室的 GIS 到社会化的 GIS

在地理信息系统发展的初期,其只是一门被少数科研人员所掌握的技术,他们利用各种 GIS 工具软件,甚至自己编写程序,处理空间数据,实现专业模型,得到服务于其研究工作的结果;而大量的 GIS 学者主要进行算法和数据结构方面的研究。对于一般公众,地理信息系统被认为是艰涩难懂的,他们也无法意识到 GIS 技术可能的应用领域以及对社会生活带来的影响,这时的地理信息系统称为实验室的 GIS。

由于计算机技术的发展和应用的普及,特别是网络技术和数据库技术的成熟,许多机构开始应用地理信息系统进行空间信息的管理,进而实现空间决策支持,以提高工作效率,减少企业运行成本。这种 GIS 应用方式称为“企业化 GIS”,企业化的 GIS 可以概括为以下 8 个特点:

(1)分布式的网络计算机环境。基于网络的分布式计算使得企业各个部门可以共享资源,包括数据、设备、软件等。

(2)面向功能。为了满足各个部门对 GIS 的要求,企业化的 GIS 需要以提供各种功能服务为主,保证各个部门按照其要求来使用。

(3)连续无缝的空间数据库。为了达到对真实世界更有效、合理的管理,需要空间数据在存储时按照真实世界的形式连续存储,而不是分割成为不同的图幅。

(4)数据的版本管理。企业 GIS 在日常使用过程中,数据的变更是经常的,需要实施版本控制以保证数据的有效性,并避免混乱。

(5)不同层次数据和系统的共存。企业的任务是多个层次的,这要求同时使用不同的系统和数据库。

(6)与多个外部数据库相连。

(7)开放式的系统环境。开放式的环境使得一个企业化的 GIS 与其他领域能够紧密结合起来,并且能够满足对系统进行扩展的需求。

(8)全面的 GIS 系统管理的专业人员。企业化 GIS 对技术和管理人员有更高的要求,需要企业不断地对人员进行技术和管理培训。

在企业化的 GIS 应用中,GIS 学者的主要研究领域包括基于分布式计算平台上的 GIS 实现、空间数据的共享和互操作、GIS 项目管理等。

在企业化 GIS 应用的初期,其应用主要集中于一些经常要处理和使用空间数据的部门,包括土地、市政设施管理等,这些部门的业务数据具有“强”的空间分布特性,如地块数据、管网数据等,采用 GIS 对其业务进行管理是“自然”的需求。随着信息技术应用的普及,许多其他领域的机构开始采用 GIS,例如:商场可以采用 GIS 来分析不同区域客户的购物倾向;无线通信部门可以利用 GIS 来确定其发射台站的覆盖范围和覆盖效率;而交通部门可以使用 GIS 来分析交通流量。在这些机构中,空间数据只是信息系统中数据的一部分,或者说信息系统的数据,如客户、雇员数据,具有“弱”的空间分布特性,GIS 与其他系统集成在一起,服务于其业务。

在 GIS 应用领域拓展的同时,对空间数据的应用层次也在提高,从简单的数据管理到复杂的空间决策支持,GIS 可以满足各种机构不同的功能要求。遥感、GPS 技术发展,为 GIS 提供了新的数据来源,多源的、海量的空间数据生成并被应用。上述的变化要求实现数据的共享、融合和分布管理,基于网络的分布计算平台为之提供了技术基础,同时 GIS 标准(包括 ISO/TC 211,OpenGIS 等)的建立,通过规范空间数据模型、空间服务模型,确立标准的分布计算接口,保证了数据共享、融合和分布管理的实现。在上述应用发展背景和技术发展背景下,GIS 进入到社会化的应用阶段,如图 3-8 所示。

3.3.2 GIS 社会化的影响

GIS 的社会化有一些其他的同义语,如“全球化”、“大众化”等,它们实际上描述了 GIS 社会化的不同侧面。

“大众化”是 GIS 社会化的主要方面,它是指 GIS 技术已经融入到人们的日常生活中,潜移默化地改变着生活方式。将地图存储在计算机中,使以往利用地图提供的定位、定向、导航功能可以通过 GIS 实现,而 3S 集成技术,可以使得定位导航功能更加自动化和精确;利用 GIS 可以将信息按照其空间坐标组织起来,进行查询检索;进而可以分析其空间分布特点,进行决策支持。

汽车导航、野外探险和旅游、银行信用卡管理、商家经营分析、保险赔偿分析等,人们生活的各个方面,GIS 都可以在其中发挥作用。当这种层次的应用从一个区域、一个国家扩展到全世界,全球的空间信息都基于 GIS 技术进行管理时,就实现了“数字地球”。可以认为,“数字地球”是 GIS 应用的极致,也是 GIS 社会化的顶点。

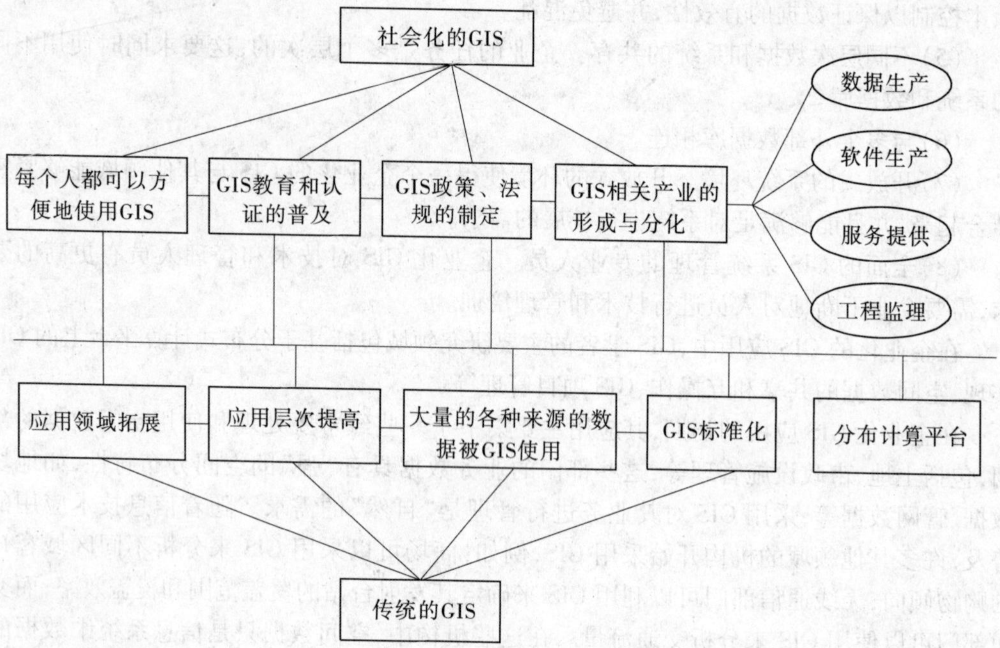

图 3-8　地理信息系统的社会化

Google Earch、百度地图、E 都市、生活圈等 Web GIS 系统,应用 GIS 和网络相关技术,通过对空间信息进行管理和发布,可为互联网用户提供大量的与地理位置相关的信息。互联网用户通过进行与地图相关的信息查询,就可以得到自己期望的出行等日常生活信息,信息的表达方式更容易被用户理解。GIS 的应用系统,不再只有专业人员享有,它正走进千家万户。

公众在日常生活中使用着地理信息系统,但公众不需要了解任何 GIS 的知识,换言之,根本感觉不到 GIS 作为独立的技术在其中所起到的作用。正如一个基于数据库建立的自动取款机系统,当人们在存款、取款时,不需要了解数据库的查询、修改、提交、回送等具体功能的概念和实现。这时,GIS 应用和其他应用紧密结合在一起,已经成为人们日常生产和生活不可分离的一部分,正如一些学者所预测的,"GIS 发展的将来就是没有 GIS"。

从应用角度来看,GIS 的社会化意味着每个人都可以方便地使用 GIS 功能。从应用开发角度来看,GIS 社会化的标志是 GIS 产业的形成与分化,形成专门的数据生产厂商、GIS 平台/构件开发商、GIS 集成商、GIS 服务提供商以及 GIS 工程监理等;相关 GIS 技术标准的确立,对于 GIS 产业的发展提供了基础。地理信息系统产业的发展,需要大量的专业人才,推动了 GIS 教育和认证的发展;此外需要政府和立法部门制定相应的政策法规,以保证产业运行的有序性。

3.3.3　GIS 社会化的其他问题

3.3.3.1　产业

随着 GIS 的社会化,地理信息已经发展成为一个巨大的产业。目前在美国,每年 GIS

应用项目多达1万个,创造产值在10亿美元以上。在产业发展和壮大的同时,也在发生分化,产生与地理信息相关的新的产业部门。产业的分化有利于形成规模经济,在整个社会范围内合理分配人力和财力资源,具体包括以下几个方面。

1. 数据生产

在GIS应用中,地理数据的生命周期较硬件和软件都要长,并且地理数据的生产需要大量的时间、人力和资金的投入,有效生产和维护地理数据是地理信息系统社会化的前提。地理数据库的建立方式,除由国家组织建设基础空间数据库外,由专门的数据生产厂商录入和维护地理数据,并将之作为商品出售,可以提高数据的生产效率,避免数据的重复录入造成的浪费,降低GIS应用开发的成本。作为商品的数据,其发售形式可以是光盘、磁带等,在因特网迅速发展的今天,通过网络发布数据的方式被越来越多地采用。

2. GIS软件生产和系统集成

目前,有许多的公司在从事GIS软件的开发和系统集成业务,随着软件技术的发展,特别是软件开发过程中越来越多地采用构件技术,将形成GIS软件构件生产、GIS软件集成、GIS系统集成等多个部门。

GIS软件构件生产是按照公共的构件接口规范生产GIS软件构件;而GIS软件组装则根据具体的应用需求,将构件组装成为应用软件,软件的具体形态可以是多种多样的;而应用系统集成则是将组装完毕的软件与数据以及硬件设备集成,形成完整的GIS应用。

在传统的GIS应用阶段,GIS软件厂商提供了从软件生产到系统集成的各项服务,甚至包括数据的录入和维护;而在社会化的GIS应用中,这三个阶段活动分别由不同的厂商提供,这样可以提高软件生产的效率,保证软件质量,最重要的,组装生成的软件可以方便地与其他应用系统集成,满足用户的各种需求。

3. GIS服务

一个组织机构要使用GIS功能,除通过开发或者购买建立自己的应用系统外,还可以购买GIS服务,这样就需要有专门的GIS服务提供者。GIS服务包括的范围很广,最简单的如对客户提交数据的处理和信息提取。此外,GIS技术咨询、GIS认证等都可以划归到GIS服务的范畴。总之,提供GIS服务的目的就是帮助解决用户在建立和使用GIS的过程中遇到的问题,减少不必要的损失。

4. GIS工程监理

许多机构建立GIS应用,是通过项目招标,寻求开发商,然后双方签订合同,规定项目的具体内容,进而依据合同,开始进行系统开发。在项目开发过程中,开发方所依据的是用户的需求,但是由于用户方可能对具体的技术不理解,从而无法确定项目开发是否在按照自己的需求进行,因而也就无法对项目的进度、质量进行监控。如果到项目快要结束时才发现问题,会严重影响项目进度,甚至使项目失败。为了解决上述问题,一般规模较大的项目,都需要GIS工程监理。监理方由GIS领域方面的专家组成,他们对用户负责并了解用户需求,对项目的开发进行检查,可以及时发现问题,避免损失。

上面描述了在社会化的GIS应用阶段所需要的GIS产业部门,随着应用的扩展和应用层次的加深,也完全可能出现新的部门。

3.3.3.2 政策

为了促进 GIS 应用的社会化，可以制定一些政策，提高 GIS 应用的广度和深度。此外，GIS 社会化过程中，也需要一系列的政策法规，规范 GIS 应用以及产业的运作。

1. GIS 标准和规范

GIS 标准和规范的制定便于实现空间数据的共享与互操作，指导 GIS 应用的建立，从某种意义上来讲，一个好的 GIS 标准是产业化的基础。标准的制定，既可以由一些标准化机构，如 ISO、OpenGIS、OMG 等组织；也可以由政府主持，并作为一项政策，在全国范围内颁布实施。通常，前者是指导性的，而后者具有一定的强制性。

除制定 GIS 标准外，一些政府性的 GIS 相关机构（如中国的测绘部门等）也可以参加一些国际性标准化组织的标准制定工作，并将国际化的标准特化，以适应本国的具体情况。

2. 基础空间数据的建立和共享

国家基础空间数据建立，是一项浩大的工程，无法由任何单位单独完成，必须由国家进行组织，多个地方单位参加，协作完成。由于许多 GIS 应用是非赢利性的，这意味着项目组织单位无法承担高昂的数据购买费用，而重新组织数据录入无疑又是对人力和时间的巨大浪费，这种情况在一定程度上限制了 GIS 应用的发展。国家组织建立基础空间数据库，免费或低价提供给一些非赢利组织使用，如市政管理部门、科研部门等，可以降低建立 GIS 的成本，有利于 GIS 应用的推广。一方面，空间数据标准是建立基础空间数据库的前提；另一方面，还需要制定相应的政策保证数据的共享。

3. 其他领域应用 GIS 的规定

社会化的 GIS 应用，意味着许多机构主动地采用并建立 GIS 应用，以提高管理效率。同时，一些政策的制定，也有助于 GIS 技术被广泛接受。例如，可以规定一些城市规划的制定，自然灾害保险的赔付，必须有 GIS 分析的结果作为依据。这样，一方面使得决策更加科学，另一方面可以加速 GIS 应用的发展。

4. GIS 产业的运行规范

随着 GIS 产业的发展和壮大，自然会出现与其他信息技术产业类似的问题，如不正当竞争等，需要有相应的政策进行规范。规范的制定和实施可以参照 IT 产业其他部门。同时，由于 GIS 在技术上的特殊性，也往往需要 GIS 专家的参与。

3.3.3.3 法律

计算机技术的迅速发展和广泛应用，为人类社会提供了一种全新的生活方式，同时也带来了各种各样的、新的法律方面的问题，主要是以下几个方面：

计算机犯罪。计算机犯罪指针对计算机系统的各种犯罪活动，如非法侵入计算机系统，盗窃或者非法使用计算机系统的数据，制造病毒等。这些活动，既包括蓄意的或者出于好奇的破坏性活动，也包括利用计算机系统谋取非法利益的活动。

软件版权。随着信息技术产业的迅速发展，许多国家都认识到了计算机软件版权保护的重要性，并制定了相应的版权保护法规，以保护软件作者的知识产权，并保证信息技术产业运行的有序性。在信息技术领域，受到版权保护的对象包括程序、数据、文档、集成电路等。不同的对象，其具体保护内容和侵权认定也有所不同，并且由于技术的不断发展，要求版权法也进行相应的调整。软件(包括程序、数据和文档)由于其便于复制的特点，是版权保护的重点。

隐私权。计算机技术的发展和广泛运用对隐私权造成了较大的冲击，主要原因是通过计算机系统提供的便利，可以方便地收集和使用个人资料。特别是因特网的发展，使该问题变得更为突出，因为用户在访问网站时，注册所填写的个人信息很有可能被非法使用。

网络法律问题。在计算机网络出现，特别是因特网将全球网络连接成为一个整体以后，上述各个方面又发生了新的变化，出现了新的问题，如：网络作品版权、BBS 的言论自由、WWW 的内容控制、网络广告、网络病毒、网络上的不正当竞争、网络交易的安全性以及隐私权等。这都需要对原有法律进行修改，以适应这些变化。

作为信息系统中的重要成分，地理信息系统在应用过程中，同样会遇到类似的问题，这些问题一般都可以适用普通的计算机法律条款，如 GIS 软件的版权等。下面主要就地理信息系统中使用的空间数据版权进行讨论，这是因为空间数据在 GIS 应用中占有非常重要的位置，并且与通常的信息系统数据相比，空间数据有一定的特殊性。

美国是最早提出数据版权保护的国家，对于数据版权的保护，其版权法做出了如下的规定：

(1)将他人的版权作品纳入一项编辑作品内，必须取得这些作品权利人的许可，否则将构成侵权。

(2)在纳入一项编辑作品之后，并不改变作品中各个组成部分原有的版权归属，编辑者只是拥有该数据的整体版权。

(3)收集并编辑一些事实信息或者本身无版权的资料形成的数据，是否成为编辑者的原创作品，并由编辑者拥有版权，一般有两种观点：a.“辛勤收集(Industrious Collection)”原则，即尽管信息是已经存在的，只要编辑者在收集数据，并进行编辑处理，成为计算机可以检索形式的过程中，付出了经费、时间，使用了一定的技术手段，那么编辑者对其拥有版权；b. 强调数据选择和组织安排的创造性，认为只有在信息的选择和组织安排方面体现了创造性的数据才具有原创性。

上述的规定和原则，在处理一些数据版权纠纷时被经常采用，但是一些具体的问题，如将数据库的一部分下载到自己的计算机中以及对有版权的数据重新组织等，其侵权认定还有待进一步的澄清。

国际上关于知识产权的伯尔尼公约(Berne Convention)的“文字和艺术作品”的定义中，明确规定了地图、地形图、与地理有关的三维作品(Maps, Topography, Three Dimensional Works Relative to Geography)均属于知识产权保护的范围。各国在对 GIS 中的空间数据进行保护时，通常都援引地图版权保护的法律条文。与一般的数据相比，GIS 数据可以有多种获得途径，包括纸质地图数字化、遥感图像解译、利用测量仪器以及现有数据的模型运算等都可以生成新的空间数据。此外，在开发 GIS 应用时，也可以购买空间数据；数据的处理复杂程度有很大的差别，既有简单的坐标变换，又有复杂的专业模型运算；数据的发布形式多样，如硬拷贝、磁盘、光盘、磁带以及 Internet 上的电子发布；数据应用的目的各异，空间数据可以应用于教学、科研、商业、公共服务、管理等各个领域。在进行版权保护时,需要综合考虑上述因素。

1. 数据的获取

利用测量设备,包括GPS、平板测图仪等,得到的空间数据,无疑是其制作者(也包括数据制作单位)的原创作品,作者对之拥有完全的版权。

纸质地图数据的数字化,需要区分两种情况,即:原地图是版权作品,原地图是无版权资料。对于前者,数字化时需要取得地图权利人的许可。地图的数字化是一项非常繁重的工作,在数字化过程中,需要对原数据进行离散化和抽样处理,并且不同录入人员采用不同的录入方法,得到的数据精度也不同,即数字化后的数据不能等同于原纸质地图。从这个角度讲,数字地图的作者应该拥有完全的版权。

数据购买只是获得数据的使用权,并没有得到所有权,购买数据的单位或个人将数据再私下转让给其他单位或个人,就构成了对权利人版权的侵犯。这一原则和普通的软件购买类似,软件购买可以通过许可授权做出更为明确的限制。而对于数据购买而言,购得的数据能否安装在不同的计算机中,为一个项目购买的数据能否应用于另外一个项目,数据使用许可能否像普通软件一样进行转让,尚需要进一步的探讨。

遥感数据往往是通过购买得到的,因而购买单位只是拥有使用权,但是对遥感数据进行处理,并得到专题数据(如植被覆盖图、土地利用图等),该过程融入了处理者的思想,所以一般来说,数据处理者拥有完全版权。

2. 数据处理

只有在对有版权的电子数据进行处理,而处理者并不拥有其版权的情况下,才会涉及版权问题。数据的处理需要处理者投入时间和经费,并且体现了处理者的思想,数据处理完成后,原始数据在新的数据中并不显式地表现出来。根据"辛勤收集"和"创造性"的原则,在一般情况下,可以认为处理者拥有完全的版权。

但是,数据处理过程的复杂程度是不一致的。对于一些简单的变换处理,如投影变换,文件格式转换,图像处理中亮度、对比度变换来说,通常是可逆的,即由处理结果可以再生成原始数据。因而,处理者不能拥有结果数据的版权,否则会造成对原始数据权利人的侵权。实际操作中,在简单处理和复杂处理之间进行绝对的区分是困难的,往往需要GIS专家的参与以进行判断。

3. 数据的发布形式

空间数据可以有多种发布形式,包括地图、计算机可读的各种介质、Internet等。具有版权的数据,无论其发布形式如何,其版权都应该受到保护,除非权利人做出特别的声明。

4. 数据应用目的

空间数据的使用可以有不同的目的,包括教育、科研、公共服务、商业等。一般对于非赢利目的的使用数据,其限制可以适当放宽。

在GIS日益社会化,并且空间数据收集、数字化和加工成为GIS产业中的重要组成部分的条件下,制定针对空间数据版权保护的法规,对于保护数据生产商的利益,促进GIS应用的发展有重要的意义。

数据版权可以通过技术和法律共同维护。现在的数字水印技术,通过对生产的数据进行处理,可以加入版权信息,对数据的使用对象和范围进行限制,以此来对数据版权进行保护。当然,随着 GIS 的社会化,带来的法律问题并不仅仅局限于数据版权,以下的一些问题,如 GIS 产业的不正当竞争,空间数据的保密,等等,都需要法律专家和 GIS 专家共同努力,提出合理的解决方案。

3.3.3.4 教育与评估认证

随着地理信息系统技术的发展,社会对 GIS 人才的需求也越来越大,同时,对于每一个 GIS 职员,他(她)所需要的 GIS 知识的数量和复杂程度也在不断加大。因而,许多 GIS 从业者在寻求培训和教育的机会。

目前,进行 GIS 培训和教育的机构主要包括职业学校、社区学院、大学和学院、GIS 软件开发商、使用 GIS 的单位等。

这些机构进行培训的主要方式包括以下几种:

(1)工作室培训和短期课程培训班。工作室培训和短期课程培训班是一种不太正式的培训方式,在 GIS 发展的初期,这种培训方式占了很大的比例。工作室和短训班不需要特别的先决条件,通常讲述的是 GIS 软件。在一些情况下,对所有参与者,或者通过考试者发一份认证材料。

其课程可以是一般性的,也可以是针对某个应用或者软件的,前者一般由大学举办,后者则通常由 GIS 软件开发商组织(如 ESRI 的 ArcView 4.0 认证)。此外,一个 GIS 应用机构在开展新的项目时,需要对员工进行培训;他们在雇用员工时,也比较看重短训班认证,因为这减少了他们的培训工作量。

(2)远程教学。远程教学是一种新的教学方式,它对于那些因为工作或者其他原因不能参加预定课程的人员来说,是一个较好的选择。参加远程教学的学员需要学习一系列课程,以获得文凭,这些课程的讲授资料可以通过视频信号或者因特网发送给远端的学员。

(3)大学和学院的 GIS 课程。在 GIS 发展初期,由于昂贵的经费(软件、硬件、人员),很少有学校能够提供 GIS 教学。近十几年来,微机的广泛使用以及软件厂商针对教学的商业软件打折销售,使得大学和学院可以提供大量的、正式的 GIS 课程。到 1996 年,美国有 600 多所大学和学校开办了至少一门 GIS 课程,中国目前也有许多大学的地理系或测绘工程系成立了 GIS 专业。另外,一些相关的学科,如农学、土木工程、城市和区域规划、森林以及景观结构等也已经开始讲授 GIS 课程。

(4)GIS 认证。GIS 认证一般需要学生已经完成了正规的 GIS 课程学习,在一些情况下,甚至需要获得 GIS 学位。像正规的学位一样,认证需要一个严格的评估过程,并且要大学或学院的教员参与监督。在一些情况下,研究院和公司合作,也可以进行 GIS 认证活动。

(5)GIS 学位。目前,特别是在加拿大和欧洲各国,许多学校已经开始授予地理信息系统和地球测绘(Geomatics)学位。但是美国能够授予 GIS 学位的学校较少,有些学校是通过计算机和数学系授予该学位的。

现在,中国的一些综合性大学(如北京大学、南京大学等)的地理系以及一些测绘专业大学(如武汉测绘科技大学等)都能够授予 GIS 专业的学士、硕士以及博士学位。

GIS 应用的发展,需要大量的 GIS 专门人才,也需要大量 GIS 专业组织以提供各种服务，除教育外，还需要相应的评估和认证体系来保障人才与服务的质量。

目前，GIS 领域对专业人员的能力和品质的评定，依赖于一种建立于组织以及个人之间联系上的“荣誉体系”。GIS 应用的发展，需要一种更为结构化和客观的评估机制。其中，由于可以通过歪曲结果等方式滥用 GIS 技术，对于非道德的行为最需要关注。通常，在 GIS 领域，进行评估和认证的主要途径包括以下几种。

1. 认证（Certification）

认证侧重于通过考试或者其他等价的评估过程，使 GIS 专业人员展示其能力和对 GIS 知识的掌握程度，从而得到一个精确的、可度量的结果。认证活动往往是非官方的，并且需要领域相近的专业协会的监督，通过认证也往往需要特定的学习和工作经验。

2. 许可证（Licensing）

许可证也是保证 GIS 人员能力的一个途径，它又可以称为注册登记，是一个强制的过程，通过该过程政府给予一些个人从事某些领域的许可。要获得许可，申请人必须通过一个测试，并且可能需要完成一个认证程序或者获得学位。许可证的目的是保障公众的权利，当个人被确认从事了非法的或者不道德的活动时，其许可证可能被收回。在很多国家，土地测量员需要有许可证。

3. 授权（Accreditation）

授权不是针对个人，而是对 GIS 教育机构的认证过程，包括课程、教员的数量和质量、设施等，例如：为了保证质量，授权过程规定了最少的课程数目。授权通过专业组织进行，其目的是保证 GIS 教育的质量。

GIS 教育、评估和认证活动，使得地理信息系统应用组织能够得到足够的、合格的 GIS 专业人员。这些活动的进行同样需要相应的政策、法规的支持，其中评估和认证过程标准化是重要的方面，ISO/TC 211 标准系列第 22 主题定义了这方面的标准。

3.3.4 社会对 GIS 发展的影响

GIS 技术是一个工具，可以解决人们在生产生活中遇到的各种问题；同时，它也是一个社会过程，即 GIS 技术在影响和改变着社会的同时，社会也对 GIS 技术的发展施加着影响。

任何技术的发展都是一个演化的过程，该过程是多种可能的发展路径中的一个。在发展过程中，会遇到选择发展方向的各种状况，需要确定一个方向，而放弃另一个，如图 3-9所示。通常影响决定因素包括当时的实践、知识和社会条件等。

下面两个条件对地理信息系统技术的演化起到了最重要的作用：

首先，是数字计算技术。GIS 的发展与计算机技术发展有着密切的联系，这意味着计算机技术的演化路径同样影响着 GIS 的发展。例如：基于图灵机逻辑结构的数字计算的采用以及高性能、小尺寸、低成本的微机的出现，对 GIS 的发展有着至关重要的影响。

其次，二战以后发展的一个重要主题就是，各个机构能够有效地组织和管理生产以及有效地分发货物和服务。计算机技术，包括 GIS 技术，是实现上述目标的主要途径，而具体的需求目标，也从另一个角度影响着计算机技术。

除了上述的一般影响因素，具体影响 GIS 发展的因素还包括以下几方面：

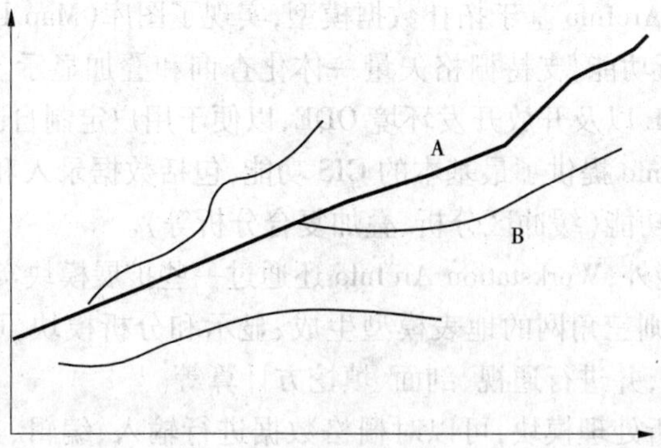

图 3-9　GIS 技术演化的图示

(1)社会,特别是军事部门,对于 GIS 需求的紧迫程度;

(2)私营企业主导 GIS 开发的程度;

(3)潜在的客户希望采用 GIS 解决的问题和他们预期的付出;

(4)影响数据可用性和成本的因素;

(5)地理学不再视为理论性的学科,这样可以利用地理学对 GIS 的开发和应用进行评估。

当然,投资于 GIS 技术最根本的目的是其经济价值,如果 GIS 开发主要是由私营企业进行的,这意味着 GIS 的发展是商业导向的。无论是开发数据产品还是平台系统,都需要在商业上获利。

上述因素决定着地理信息系统的发展途径,形成了现在 GIS 软件以及应用的样式。

一旦选择了一种技术方案,就具有一定的惯性,对以后的 GIS 产生巨大的影响。例如,基于层次结构的数据模型最早实现于哈佛大学图形实验室的软件 ODYSSEY,后来被 ESRI 的 ARC/INFO 所采用,成为 GIS 数据模型的主流技术方案。尽管面向对象的 GIS 很早就出现,并且在技术上更为先进,但是并没有在市场上取得成功,也就是说 GIS 的发展并没有经历这条途径。

3.4　常用 GIS 工具软件平台

本节主要介绍一些比较常用的地理信息系统软件,具体包括三家美国 GIS 开发商 ESRI、Intergraph 和 MapInfo 的软件产品,以及三个国产软件 MapGIS、GeoStar 和 Citystar。

3.4.1　美国 GIS 开发商

3.4.1.1　ESRI 产品系列

ESRI 公司(Environmental Systems Research Institute Inc.)于 1969 年成立于美国加利福尼亚州的 Redlands 市,公司主要从事 GIS 工具软件的开发和 GIS 数据生产。

ESRI 的产品中,最主要的是运行于 UNIX/Windows NT 平台上的 ArcInfo,它由两部分组成:Workstation ArcInfo 和 Desktop ArcInfo。

(1)Workstation ArcInfo 基于拓扑数据模型,实现了图库(Map Library)的管理,并且具有了栅格数据的分析功能,支持栅格矢量一体化查询和叠加显示。此外,ArcInfo 还提供了二次开发语言 AML 以及开放开发环境 ODE,以便于用户定制自己的 GIS 应用。

Workstation ArcInfo 提供了最基本的 GIS 功能,包括数据录入和编辑、投影变换、制图输出、查询及其分析功能(缓冲区分析、叠加复合分析等)。

除上述基本功能外,Workstation ArcInfo 还通过一些扩展模块实现特定的专门功能:

TIN。基于不规则三角网的地表模型生成、显示和分析模块,可以根据等高线、高程点、地形线生成 DEM,并进行通视、剖面、填挖方计算等。

GRID。栅格分析处理模块,可以对栅格数据进行输入、编辑、显示、分析、输出,其分析模型包括基于栅格的市场分析、走廊分析、扩散模型等。

NETWORK。网络分析模块,提供了最短路径选择、资源分配、辖区规划、网络流量等功能,可以应用于交通、市政、电力等领域的管理和规划。

ARCSCAN。扫描矢量化模块。

ARCSTORM。基于客户机/服务器机制建立的数据库管理模块,可以管理大量的图库数据。

COGO。侧重于处理一些空间要素的几何关系,用于数字测量和工程制图。

ArcPress。图形输出模块,可以将制图数据转换成为 PostScript 格式,并可分色制版。

ArcSDE。SDE 指空间数据引擎(Spatial Database Engine),它是一个连续的空间数据模型,通过它可以将空间数据加入到关系数据库管理系统中去,并基于客户机/服务器机制提供了对数据进行操作的访问接口,支持多用户、事物处理和版本管理。用户可以以 ArcSDE 作为服务器,定制开发具体的应用系统。

ARC/INFO 的图库管理。为了能够管理分布在不同图幅的多个专题要素,在 ARC/INFO 的图库中,把地图数据纵向分为"图层(Layer)",而水平方向分为"图块(Tile)",如图 3-10 所示。

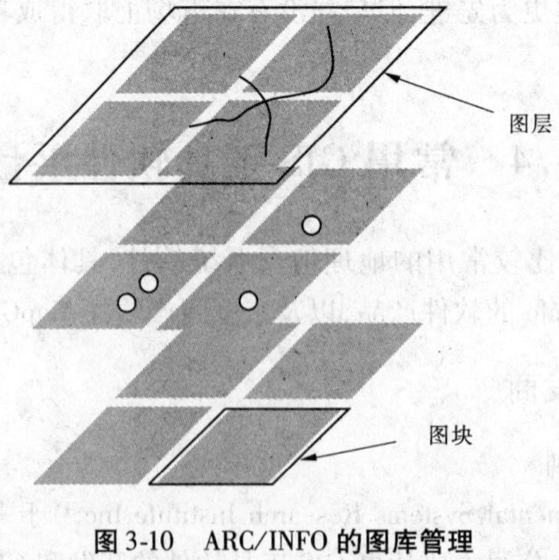

图 3-10　ARC/INFO 的图库管理

在图 3-10 中,描述同一区域的不同专题图块构成一个"地图(Map)"。基于这种方式的管理,可以根据内容或区域范围任意调入相关的数据,并且便于实现数据共享和并发访问控制。

(2)Desktop ArcInfo 包括三个应用:Arc Map、Arc Catalog 和 Arc Toolbox。Arc Map 实现了地图数据的显示、查询和分析;Arc Catalog 用于基于元数据的定位、浏览和管理空间数据;Arc Toolbox 是由常用数据分析处理功能组成的工具箱。

(3)ArcView GIS(见图 3-11)是 ESRI 的桌面 GIS 系统,它以工程为中心,实现了对地图数据、结构化的属性数据、统计图、地图图面配置、开发语言等多种文档的管理。除提供脚本语言 Avenue 使用户可以定制系统外,ArcView 还以"插件"的形式提供了一些扩展模块,包括以下几种:

Spatial Analyst,栅格数据的建模分析;

Network Analyst,网络分析;

ArcPress,制图输出;

3D Analyst,利用 DEM 实现三维透视图的生成;

Image Analyst,影像分析处理;

Tracking Analyst,通过直接接收、回放实时数据,实现对 GPS 的支持。

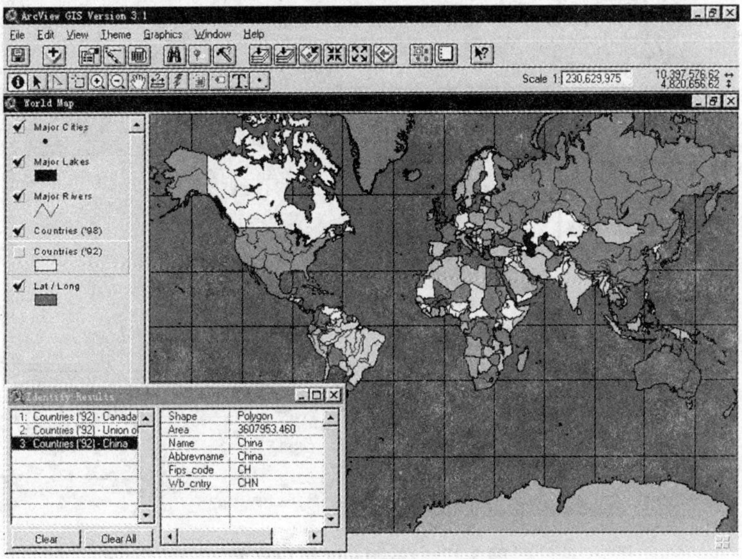

图 3-11 ArcView GIS 用户界面

(4)MapObjects 是一组供应用开发人员使用的 GIS 功能 OCX 控件(OLE Custom Control),用户可以采用其他的支持 OCX 的开发平台,如 Visual Basic、Delphi 等,集成 MapObjects,建立具体的应用系统。

(5)ArcFM,支持公共设施规划、管理和服务的模块。

(6)Internet Map Server(IMS),实现了因特网上地理数据的发布功能。

3.4.1.2 Intergraph 产品系列

Intergraph 公司成立于 1969 年,总部位于美国阿拉巴马州的汉斯维尔市,公司致力于计算机辅助设计、制造以及专业制图领域的硬件、软件以及服务支持。

Intergraph 提供的 GIS 产品包括专业 GIS 系统(MGE)、桌面 GIS 系统(GeoMedia),以

及因特网 GIS 系统(GeoMedia WebMap)。

(1)MGE 构成了 Intergraph 专业 GIS 软件产品族,它包括多个产品模块,提供了从扫描图像矢量化(I/GEOVEC)、拓扑空间分析(MGE Analyst)到地图整饰输出(MGE Map Finisher)的基本 GIS 功能。此外,还包括了其他一些扩展模块,实现了图像处理分析(I/RASC,MGE Image Analyst)、网络分析(MGE Network Analyst)、格网分析(MGE Grid Analyst)、地形模型分析(MGE Terrain Analyst)、基于真三维的地下体分析(MGE Voxel Analyst)等一系列增强功能。

(2)GeoMedia Professional(见图 3-12)设计成为与标准关系数据库一起工作,用于空间数据采集和管理的 GIS 产品,它将空间图形数据和属性数据都存放于标准关系数据库(Microsoft Access)中,在一定程度上提高了系统的稳定性和开放性,并且提高了数据采集、编辑、分析的效率。它支持多种数据源,包括其他 GIS 软件厂商的数据文件以及多种关系数据库,实现了矢量栅格的集成操作,提供了多种空间分析功能;此外,GeoMedia 包含其他一些模块,以应用于不同的具体领域。

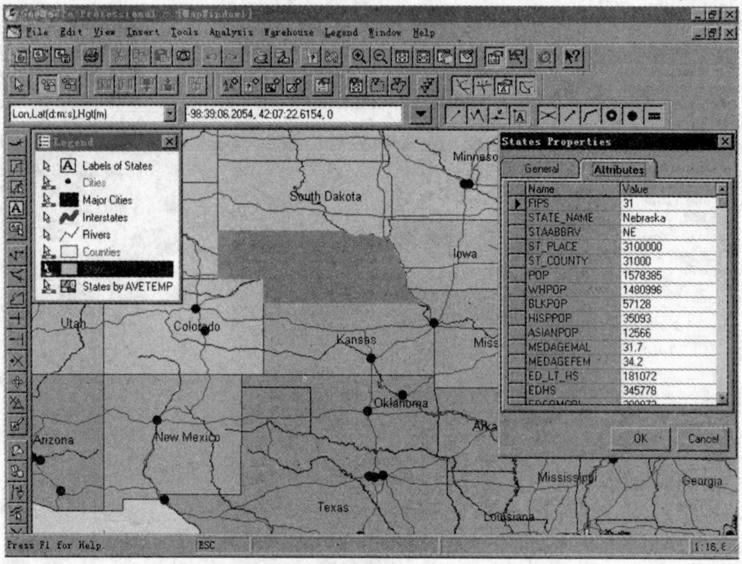

图 3-12　GeoMedia 用户界面

GeoMedia Network:可以应用于交通网络以及逻辑网络的管理、分析、规划,具体包括最短路径查询、线路规划等功能。

GeoMedia SmartSketch:具有较强的图形编辑能力,是一个计算机辅助设计(CAD)软件。

GeoMedia Relation Moduler:用于建立设备间的网络关系,可以应用于自来水、煤气等市政管网的管理以及设备跟踪。

GeoMedia Object:GeoMedia 是基于控件的系统,它包含多个 OCX 控件,基于这些控件,用户可以开发具体的应用系统。

GeoMedia MFworks:基于栅格数据的分析模块,包含多种控件操作函数。

GeoMedia Oracle GDO Server:可以将地理数据写入到 Oracle 数据库并读出。

（3）GeoMedia WebMap 是 Intergraph 提供的基于因特网的空间信息发布工具。它提供了多源数据的直接访问和发布，并且支持多种浏览器。GeoMedia WebMap Enterprise 除能够在因特网上发布数据外，还提供了空间分析服务，如缓冲区分析、路径分析、地理编码等，用户可以在客户端通过浏览器提出请求，并输入具体参数，服务器进行计算并将结果返回给用户。

3.4.1.3　MapInfo **产品系列**

MapInfo 公司于 1986 年成立于美国特洛伊（Troy）市，成立以来，该公司一直致力于提供先进的数据可视化、信息地图化技术，其软件代表是桌面地图信息系统软件——MapInfo。

（1）MapInfo Professional（见图 3-13）是 MapInfo 公司主要的软件产品，它支持多种本地或者远程数据库，较好地实现了数据可视化，生成各种专题地图。此外，还能够进行一些空间查询和空间分析运算，如缓冲区等，并通过动态图层支持 GPS 数据。

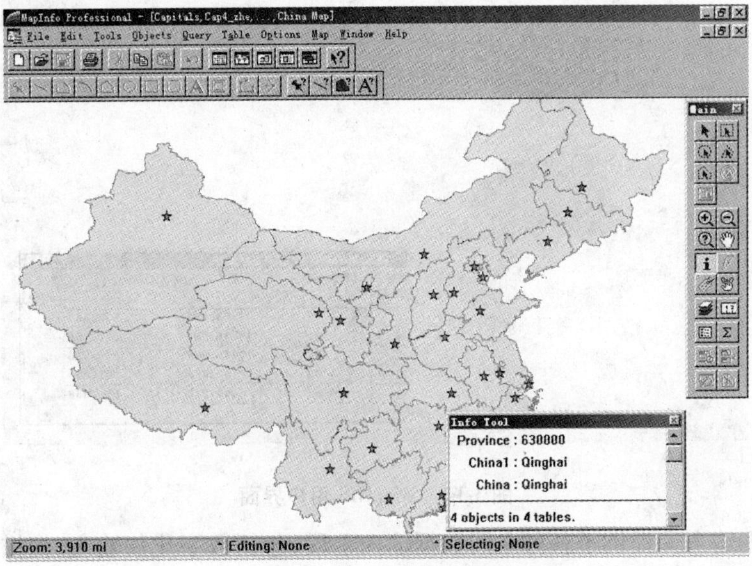

图 3-13　MapInfo Professional 用户界面

（2）MapBasic 是为在 MapInfo 平台上开发用户定制程序的编程语言，它使用与 BASIC 语言一致的函数和语句，便于用户掌握。通过 MapBasic 进行二次开发，能够扩展 MapInfo 功能，并与其他应用系统集成。

（3）MapInfo ProServer 是应用于网络环境下的地图应用服务器，它使得 MapInfo Professional 运行于服务器端，并能够响应用户的操作请求；而客户端可以使用任何标准的 Web 浏览器。由于在服务器上可以运行多个 MapInfo Professional 实例，以满足用户的服务请求，从而节省了投资。

（4）MapInfo MapX 是 MapInfo 提供的 OCX 控件。

（5）MapInfo MapXtrem 是基于 Internet/Extranet 的地图应用服务器，它可以用于帮助配置企业的 Internet。

（6）SpatialWare 是在对象—关系数据库环境下基于 SQL 进行空间查询和分析的空间信息管理系统，在 SpatialWare 中，支持简单的空间对象，从而支持空间查询，并能产生新的几何对象。在实际应用中,一般使用 SpatialWare 作为数据服务器,而 MapInfo Professional 作为客户端,可以提高系统开发效率。

(7) Vertical Mapper 提供了基于网格的数据分析工具。

3.4.2 国产 GIS 软件

3.4.2.1 **MapGIS**

MapGIS(见图 3-14)是中国地质大学开发的地理信息系统软件,其功能模块包括以下几种:

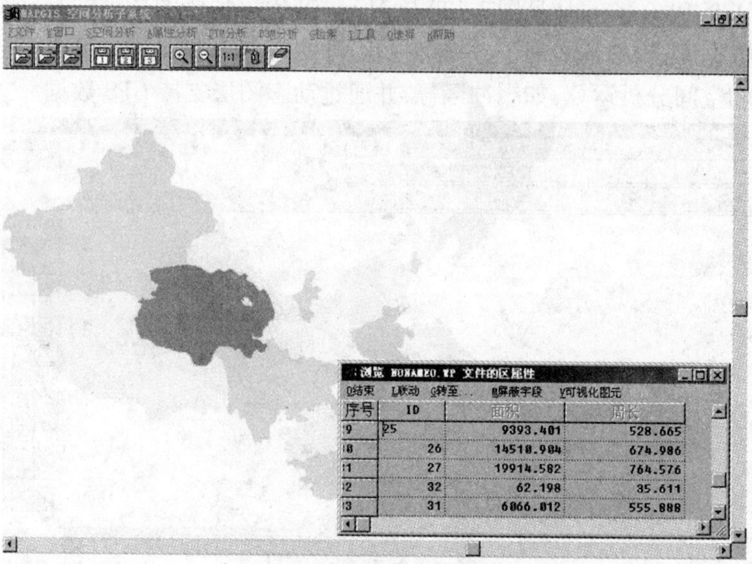

图 3-14　MapGIS 用户界面

(1)数据输入。提供了各种空间数据输入手段,包括数字化仪输入、扫描矢量化输入以及 GPS 输入。

(2)数据处理。可以对点、线、多边形等多种矢量数据进行处理,包括修改编辑、错误检查、投影变换等功能。

(3)数据输出。可以将编排好的图形显示到屏幕或者输出到指定设备上,也可以生成 PostScript 或 EPS 文件。

(4)数据转换。提供了 MapGIS 与其他系统之间数据转换的功能。

(5)数据库管理。实现了对空间和属性数据库的管理与维护。

(6)空间分析。提供了包括 DTM 分析、空间叠加分析、网络分析等一系列空间分析功能。

(7)图像处理。图像配准镶嵌以及处理分析模块。

(8)电子沙盘系统。实时生成地形三维曲面。

(9)数字高程模型。可以根据离散高程点或者等高线插值生成网格化的 DEM,并进行相应的分析,如剖面分析、遮蔽角计算等。

3.4.2.2 GeoStar

GeoStar(吉奥之星)是武汉测绘科技大学开发的、面向大型数据管理的地理信息系统软件,其功能模块包括以下几种:

(1)GeoStar。整个系统的基本模块(见图 3-15),提供的功能包括空间数据管理、数据采集、图形编辑、空间查询分析、专题制图和符号设计、元数据管理等,从而支持从数据录入到制图输出的整个 GIS 工作流程。

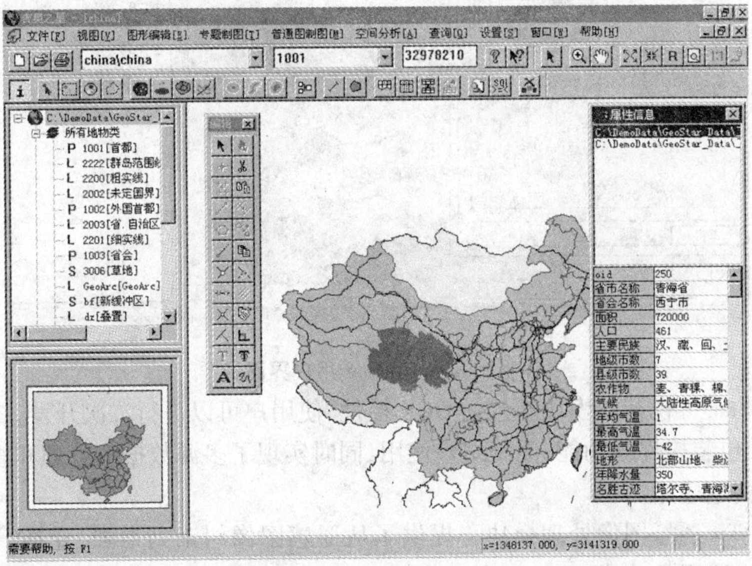

图 3-15　GeoStar 用户界面

(2)GeoGrid。数字地形模型和数字正射影像的处理、分析模块。

(3)GeoTIN。利用离散高程点建立 TIN,进而插值得到 DEM,并进行相关分析运算和三维曲面生成。

(4)GeoImager。可以进行遥感图像的处理和影像制图。

(5)GeoImageDB。可以建立多尺度的遥感影像数据库系统。

(6)GeoSurf。利用 Java 实现的因特网空间信息发布系统。

(7)GeoScan。图像扫描矢量化模块,支持符号识别。

3.4.2.3 CityStar

CityStar(城市之星)地理信息系统软件由北京大学开发研制,是一个面向桌面应用的 GIS 平台,其具体模块包括以下几种:

(1)CityStar 编辑模块。矢量数据的录入、编辑模块。

(2)CityStar 查询分析模块(见图 3-16)。矢量栅格综合的空间数据管理、查询、分析模块,提供了多种空间模型运算。

(3)CityStar 制图模块。提供了地图的整饰输出以及符号制作功能,同时也可以制作影像地图。

(4)CityStar 扫描矢量化模块。提供了线状图形扫描、细化、跟踪并矢量化的一系列操作,适用于地形图等高线的录入。

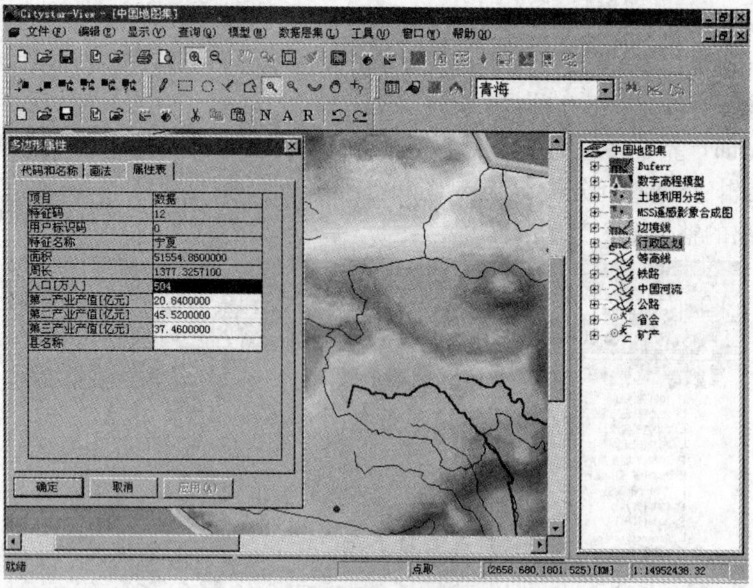

图 3-16 CityStar 用户界面

(5)CityStar 可视开发模块。包括 OCX 控件,使用户可以进行二次开发。该模块提供了一个平台,包装控件的功能,便于用户使用,同时实现了多源数据的管理和查询,使用户可以方便地构造应用。

(6)CityStar 遥感图像处理模块。提供了从遥感图像纠正到增强、变换、分类以提取专题信息整个流程的功能。

(7)CityStar 数字地形模块。等值线、离散点插值生成 DEM,并基于 DEM 进行各种分析。

(8)CityStar 三维模块。基于 DEM 的三维曲面生成和查询分析。

(9)CityStar GPS 模块。GPS 数据的接收、显示和分析。

参考文献

[1] 陈述彭,鲁学军,周成虎. 地理信息系统导论[M]. 北京:科学出版社, 1999.

[2] 陈述彭. 地球信息科学与区域持续发展[M]. 北京:测绘出版社,1995.

[3] 张伏生,赵登福,衰魏,等. 地理信息系统在配网自动化中的应用[J]. 电力系统及其自动化学报, 2000(6).

[4] 卢娟,李沛川. 浅析电力 GIS 系统的发展及其主要功能[J]. 测绘通报,2005(2).

[5] 邬伦. 地理信息系统——原理、方法与应用[M]. 北京:科学出版社,2001.

[6] 张勤,李家权. GPS 测量原理及应用[M]. 北京:科学出版社,2005.

[7] 边馥苓. 地理信息系统原理和方法[M]. 北京:测绘出版社,1996.

[8] 陈俊,宫鹏. 实用地理信息系统——成功地理信息系统的建设与管理[M]. 北京:科学出版社,1998.

[9] 承继成,李琦,易善桢. 国家空间信息基础设施与数字地球[M]. 北京:清华大学出版社,1999.

[10] 崔伟宏. 空间数据结构研究[M]. 北京:中国科学技术出版社,1995.

[11] 杜道生,陈军,李征航. RS、GIS、GPS 的集成与应用[M]. 北京:测绘出版社,1995.

[12] 龚健雅.当代 GIS 的若干理论与技术[M].武汉:武汉测绘科技大学出版社,1999.
[13] 黄杏元,汤勤.地理信息系统概论[M].北京:高等教育出版社,1990.
[14] 科技部国家遥感中心.地理信息系统与管理决策[M].北京:北京大学出版社,2000.
[15] 李德仁,龚健雅,边馥苓.地理信息系统导论[M].北京:测绘出版社,1993.
[16] 邬伦,任伏虎,谢昆青,等.地理信息系统教程[M].北京:北京大学出版社,1994.
[17] 严蔚敏,吴伟民.数据结构[M].北京:清华大学出版社,1992.
[18] 张超,陈丙咸.地理信息系统[M].北京:高等教育出版社,1995.
[19] 张海藩.软件工程导论[M].北京:清华大学出版社,1998.
[20] 张永生.遥感图像信息系统[M].北京:科学出版社,2000.
[21] 中国 21 世纪议程管理中心.中国地理信息元数据标准研究[M].北京:科学出版社,1999.
[22] 周忠谟,易杰军,周琪.GPS 卫星测量原理与应用[M].北京:测绘出版社,1991.

第 4 章　全球定位系统

GPS(全球定位系统)是利用卫星的测时和测距进行导航,以构成全球卫星定位系统。现在国际上已经公认将这一全球定位系统(Navigation Satellite Timing and Ranging/Global Positioning System,NAVSTAR/GPS)的英文字头简称为 GPS。美国海军和空军从 20 世纪 60 年代开始筹划,70 年代开始研制,历时 20 年,耗资 200 亿美元,于 1994 年全面建成,具有在海、陆、空进行全方位实时三维导航与定位能力的新一代卫星导航与定位系统。该系统可以向全球用户不间断提供实时三维位置、速度与时间信息。

4.1　全球定位技术的发展及特点

4.1.1　全球定位技术的发展

苏联于 1957 年发射的第一颗人造地球卫星开启了人类星基导航的大门,美国人提出的"反向观测"设想奠定了现代全球卫星定位的理论基础。20 世纪 70 年代,随着美苏军备竞赛的逐步升级,美国迫切希望拥有能够在世界范围内实施精确、快速定位和导航的高端技术,从而掌握制空权。于是美国国防部于 1973 年开始组织研制能满足陆海空三军需要的"导航卫星定时和测距全球定位系统"(Navigation Satellite Timing and Ranging Global Positioning System),简称 GPS 全球定位系统。

全球定位系统由太空中的卫星、地面跟踪监测站、地面卫星数据注入站、地面数据处理中心和数据通信网络等部分组成。卫星导航定位系统是一种在全球范围内进行导航与定位的系统,该系统是以地球质心为坐标原点进行的地球表层空间点的三维定位测量,以及飞行器和运载工具(如飞机、飞船、船舰、导弹等)的导航。目前,全球所用的定位系统是由美国布置在太空的 6 轨道 24 颗卫星进行导航的。2005 年 9 月,美国发射了首颗改进型 GPSO2ROM 卫星,其导航精度得到了较大的提高,迈出了 GPS 现代化的第一步。此外,2006 年,还增建 6 个以上的地面监控站,以加强对卫星的跟踪及纠错能力。

由于美国对卫星导航定位系统的绝对垄断,1990 年,ESA(欧空局)提出 GNSS 方案,2002 年 3 月 26 日,EC(欧盟)15 国交通部长理事会一致决定正式启动伽利略(Galileo)计划项目。Galileo 系统的特点是:全天候和全球覆盖,独立于 GPS,由欧洲人控制的民用卫星导航和定位系统,能与 GPS 兼容并对其进行补充。功能与未来的 GPS 相似,但导航定位服务可分为全球性、区域性和局域性等不同精度等级。

2003 年 10 月,温家宝总理在北京代表中方正式签约,参与该系统的研建。2004 年 10 月 9 日,中国科技部与欧盟委员会在北京具体签署伽利略计划技术合作协议,使中欧伽利略计划的合作进入实质性操作阶段,中国由此成为伽利略联合执行体中与欧盟成员国享有大体相同权利和义务的第一个非欧盟成员国。Galileo 系统具有比 GPS 更佳的覆盖率、更高的精度和可靠性，对我国经济社会发展和科学研究将产生重大影响。

4.1.2 GPS 的特点

GPS 系统包括 GPS 卫星星座、地面监控系统和 GPS 信号接收机三大部分。GPS 的问世标志着星基导航技术发展到了一个辉煌的时代。与其他导航系统相比，GPS 具有一些明显的特点和优势。

1. 全球性

由于 GPS 卫星分布合理，全球覆盖率达 98%，在覆盖范围内的地球上任何地点均可连续同步地观测到至少 4 颗卫星。

2. 全天候

利用 GPS 观测测量可在一天 24 h 内的任何时间进行，不受阴天黑夜、起雾刮风、下雨下雪等任何气候因素的影响。

3. 高精度

GPS 可提供高精度的三维坐标、三维速度和时间信息，采用差分定位，精度可达厘米级和毫米级。

4. 高效率

随着 GPS 系统的不断完善和软件的不断更新，一般静态定位仅需几分钟；在流动站与基准站相距 15 km 以内的差分定位中，流动站观测时间只需 1 ~ 2 min；完成一次快速的动态定位或测速仅需数秒钟。

5. 应用广泛

可用于与定位、导航、授时有关的所有应用，是继通信、互联网之后的第三大高科技应用技术。

6. 操作简便

GPS 是单向测距的被动式定位，只要能接收到 GPS 信号就可进行定位，操作简便。同时 GPS 接收机的自动化程度越来越高，极大地减轻了测量的工作量和劳动强度。

4.2 GPS 组成

GPS 系统包括三大部分：空间部分——GPS 卫星及其星座，地面控制部分——地面监控系统，用户设备部分——GPS 信号接收机。系统结构图如图 4-1 所示。

4.2.1 GPS 卫星及其星座

GPS 由 21 颗工作卫星和 3 颗备用卫星组成，它们均匀分布在 6 个相互夹角为 60°的轨道平面内，即每个轨道上有 4 颗卫星。卫星高度离地面约 20 000 km，绕地球运行一周的时间是 12 恒星时，即一天绕地球两周。GPS 卫星用 L 波段两种频率的无线电波向用户发射导航定位信号，同时接收地面发送的导航电文以及调度命令。

1974 年美国发射了第一颗 GPS 导航技术实验卫星，在 1978 年至 1985 年期间先后发射了 11 颗 Block Ⅰ型实验卫星，1989 年发射了第一颗 Block Ⅱ型工作卫星，到 1994 年 3 月

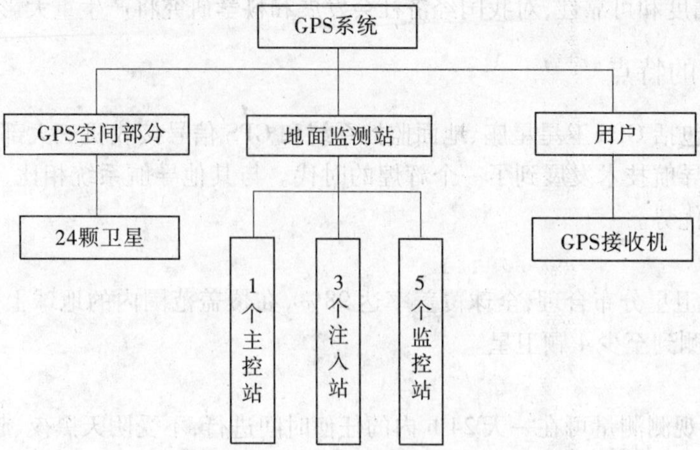

图 4-1　GPS 系统结构图

共将 9 颗 Block Ⅱ型和 15 颗 BlockⅡA 型工作卫星送入轨道，从而建成了由 24 颗卫星组成的 GPS 星座，包括 21 颗工作卫星和 3 颗在轨备用卫星。它们分布在离地高约 20 000 km 的 6 个近似于圆形的轨道上，每个轨道 4 颗，轨道的长半轴为 26 560 km。卫星运行周期为 11 小时 58 分，即每颗卫星每天绕过您的头顶两次，每次在观测者可视范围内的运行时间约为 5 h。

由于每个轨道上的卫星不是均匀分布，在轨道的不同位置的运行速度也不相同，所以同时出现在地平线以上的卫星数目随时间和地点而异，最少为 4 颗，最多可达 11 颗。在我国境内全天有 50% 的时间能见到 7 颗，29% 的时间能见到 6 颗，17% 的时间能见到 8 颗，4% 的时间只能见到 5 颗。GPS 卫星的主体为直径约 1.5 m 的柱形；星体两侧各伸展一块给 GPS 卫星提供足够电能的 7.25 m^2 的太阳能电池翼板；星体底部装有供发射导航电文信号的多波束螺旋形定向天线阵，波束方向能覆盖约半个地球；卫星上的核心设备是高稳定度的两台铷原子钟和两台铯原子钟。

BlockⅠ型实验卫星叫做第一代 GPS 卫星，在轨质量为 450 kg，设计寿命为 5 年。但实际寿命平均达到 8.9 年。BlockⅡ和 BlockⅡA 称为第二代 GPS 卫星，分别重 890 kg 和 973 kg，设计寿命为 7.5 年，但在轨已超过 10 年。第一、二代卫星都由美国 Rockwell 公司研制；1989 年美国 Martin 公司赢得 21 颗新型 BlockⅡ R 的研制，设计寿命为 10 年，在轨质量 1 075 kg，到目前已发射了 8 颗；1995 年 Rockwell 公司又争取到设计寿命为 15 年、在轨质量 1 705 kg 的更新型 BlockⅡ F 的研制合同，至今还未发射。

星座卫星的主要功能是：接收来自地面控制系统的各种指令和信号，一方面在指令的控制下进行卫星自身的轨道纠偏、速度调节、姿态调整等一系列维护性技术活动，以维持卫星的正常运行；另一方面，它们将控制中心发来的一系列星历和导航电文向用户进行全球全天候的发播。

4.2.2　地面控制系统

对于导航定位而言，GPS 卫星是一动态已知点，而卫星的位置是依据卫星发射的星历——描述卫星运动及其轨道的参数——计算得到的。每颗 GPS 卫星播发的星历是由地面监控系统提供的，同时卫星设备的工作监测以及卫星轨道的控制，都由地面控制系统完成。

人们是根据 GPS 卫星为动态已知点来进行导航定位的，卫星位置的提供、卫星上各种设备是否正常工作、各颗卫星是否处于同一时间系统，这些都需要地面控制系统进行监测和控制。地面控制系统包括 1 个主控站、3 个注入站和 5 个监控站。主控站位于美国科罗拉多州的空军基地；3 个注入站分别位于大西洋、印度洋和太平洋；5 个监测站除与主控站和注入站同设一处的 4 个站外，还有 1 个设在夏威夷。另外，美国国防制图局还在中国、澳大利亚、英国、阿根廷等世界 7 个地方设立了 GPS 跟踪站。

4.2.2.1 监控站

为主控站编算导航电文提供各类观测数据和信息。各监控站对可见到的每一颗 GPS 卫星每 6 s 进行一次伪距测量和积分多普勒观测，采集定轨、气象要素、卫星时钟和工作状态等数据，监控 GPS 卫星的运行状态及精确位置，并将这些信息传给主控站。

4.2.2.2 主控站

收集监控站、跟踪站、海军兵器中心发来的相关信息；根据这些信息及时计算每颗卫星的星历、时钟改正、大气传播改正。给出时间基准，编制成一定格式的导航电文传送到注入站；对各注入站、监控站、卫星和整个地面控制系统进行监控与工作协调；承担将偏离轨道的卫星“拉回来”、用备用卫星去替代失效的工作卫星等卫星调度任务。

4.2.2.3 注入站

它的主要任务是在每颗卫星运行至上空时，把主控站传来的导航电文和控制指令注入到卫星中。

4.2.3 GPS 信号接收机

GPS 信号接收机的任务是，捕获 GPS 卫星发射的信号，并进行处理，根据信号到达接收机的时间，确定接收机到卫星的距离。如果计算出 4 颗或者更多卫星到接收机的距离，再参照卫星的位置，就可以确定出接收机在三维空间中的位置。

用户设备是指各种各样以无线电传感技术和计算机技术为支撑的 GPS 接收机与数据处理软件，是一种能实现接收、跟踪、变换和测量 GPS 信号的接收终端设备，它的最大特点是具有能捕获和处理弱达 106 W 的卫星信号的特性（GPS 卫星在空中的发射功率仅 35 W）。接收机将所接收到的信号进行变换和处理，实时计算出观测站的七维状态参数（坐标、速度和时间），最终实现定位导航目的。GPS 接收机都是由天线单元和接收单元两大部分组成的，其类型很多，按工作原理可分为码接收机、集成接收机，按用途可分为测地型、导航型、定时型，按载波频率可分为单频和双频。无论哪种类型，人们都希望接收机应具有精度高、观测量大、软件功能强、无故障时间在 1 万 h 以上、功耗低、轻便等特性。

4.3 其他卫星定位系统

在 20 世纪 90 年代的局部战争中，美国的 GPS 出尽风头。利用 GPS 系统提供定位的导弹或战斗机可以对地面目标进行精确打击，这给欧洲国家、苏联和亚洲国家留下了深刻印象。因此,欧盟的“伽利略”、苏联的GLONASS和中国的北斗为代表的卫星定位系统相继问世,打破了美国GPS一家天下的垄断局面。这些卫星定位系统虽然在整体功能上不能与美国的GPS系统相媲美,但各家的卫星定位系统都有自身优势。

4.3.1 伽利略卫星定位系统

欧洲国家为了减少对美国GPS系统的依赖,同时也为了在未来的卫星导航定位市场上分一杯羹,决定发展自己的全球卫星定位系统。经过长达3年的论证,2002年3月,欧盟15国交通部长会议一致决定,启动“伽利略”导航卫星计划。

“伽利略”计划的总投资预计为36亿欧元,由分布在3个轨道上的30颗卫星组成。该系统与GPS类似,可以向全球任何地点提供精确定位信号。由于“伽利略”系统主要针对民用市场,因此在设计之初,设计人员就把为民用领域的客户提供高精度的定位放在了首要位置。与美国的GPS相比,“伽利略”系统可以为民用客户提供更为精确的定位,其定位精度可以达到1 m,而GPS只能达到10 m。

按照计划,第一颗用于测试的卫星于2005年年底在白俄罗斯的拜科努尔基地发射升空,2006年“伽利略”系统进行正式部署,2008年整个系统完工,正式为客户提供商业服务。

“伽利略”系统主要用于民用领域,而且面对的是GPS这个运行超过20年的市场垄断者,其市场开发的难度之大可想而知。因此,“伽利略”计划采用开放合作的模式,通过吸收合作伙伴来扩大市场份额。中国经济近年来快速发展,中国庞大的潜在用户群对于确保“伽利略”系统的成功具有重要意义,而中国从一开始就进入了欧洲的视线。

2000年,“伽利略”计划提出不久,欧盟委员会副主席德帕拉西奥在与当时的中国国务院总理朱镕基会晤时就表示希望中国参与“伽利略”计划,得到了中国的积极回应。随后,中国同欧盟签署协议,在北京成立了中欧卫星导航技术培训合作中心,加强国内技术人员的培训和双边交流。而为了落实中方的责任与义务,中国成立了由多家公司参股的“伽利略”卫星导航有限公司。该公司作为国内的总承包商负责协调国内的相关单位和公司,完成中国在“伽利略”计划中所承担的任务。

中国加入“伽利略”计划,是互赢的。从欧洲方面看,欧洲希望成为未来世界独立的一极,在世界事务中发挥积极的作用。通过与中国在空间技术上的合作,可以对美国的“单边主义”形成一定的牵制,所以在“伽利略”计划的合作中欧洲表现得更主动。而中国通过合作可以获得可观的经济收益,中国将向“伽利略”计划投资2亿欧元,根据比例获取相应收益。同时中国在整个系统的开发运作过程中可以提升本国的技术,学习市场开发的经验,为本国开发独立的卫星导航系统打下良好的基础。

4.3.2 GLONASS卫星定位系统

“格洛纳斯(GLONASS)”是俄语中“全球卫星导航系统GLOBAL NAVIGATION SATELLITE SYSTEM”的缩写,作用类似于美国的GPS、欧盟的“伽利略”卫星定位系统。最早开发于苏联时期,后由俄罗斯继续该计划。俄罗斯1993年开始独自建立本国的全球卫星导航系统。按计划,该系统于2007年年底之前开始运营,届时只开放俄罗斯境内卫星定位及导航服务。到2009年年底前,其服务范围将拓展到全球。该系统主要服务内容包括确定陆地、海上及空中目标的坐标及运动速度信息等。

全球卫星导航系统(GLONASS)是由苏联(现由俄罗斯)国防部独立研制和控制的第二代军用卫星导航系统,与美国的 GPS 相似,该系统也开设民用窗口。GLONASS 技术,可为全球海陆空以及近地空间的各种军、民用户全天候、连续地提供高精度的三维位置、三维速度和时间信息。GLONASS 在定位、测速及定时精度上则优于施加选择可用性(SA)之后的 GPS,由于俄罗斯向国际民航和海事组织承诺将向全球用户提供民用导航服务,并于 1990 年 5 月和 1991 年 4 月两次公布 GLONASS 的 ICD,为 GLONASS 的广泛应用提供了方便。GLONASS 的公开化,打破了美国对卫星导航独家经营的局面,既可为民间用户提供独立的导航服务,又可与 GPS 结合,提供更好的精度几何因子(GDOP);同时也降低了美国政府利用 GPS 施以主权威慑给用户带来的后顾之忧,因此引起了国际社会的广泛关注。

"格洛纳斯"系统标准配置为 24 颗卫星,而 18 颗卫星就能保证该系统为俄罗斯境内用户提供全部服务。该系统卫星分为"格洛纳斯"和"格洛纳斯 - M"两种类型,后者使用寿命更长,可达 7 年。研制中的"格洛纳斯 - K"卫星的在轨工作时间可长达 10 年至 12 年。

4.3.3 伽利略、GLONASS 和 GPS 对比

目前,世界上正在运行的全球卫星导航定位系统主要有两大系统:一是美国的 GPS 系统,二是俄罗斯的"格洛纳斯"系统。近年来,欧洲也提出了有自己特色的"伽利略"全球卫星定位计划。因而,未来密布在太空的全球卫星定位系统将形成美、俄、欧操纵的 GPS、"格洛纳斯"、"伽利略"三大系统"竞风流"的局面。

4.3.3.1 GPS 独占鳌头

GPS 系统由 21 颗工作卫星和 3 颗备用卫星组成。它们分布在 6 个等间距的轨道平面上,轨道面相对赤道的夹角为 55°,每个轨道面上有 4 颗工作卫星,卫星的轨道接近圆形,轨道高度为 2.018 36 万 km,周期约 12 h。GPS 能覆盖全球,用户数量不受限制。其所发射的信号编码有精码与粗码之分。精码保密,主要提供给本国和盟国的军事用户使用;粗码提供给本国民用和全世界使用。精码给出的定位信息比粗码的精度高。GPS 系统能够连续、适时、隐蔽地定位,一次定位时间仅几秒到十几秒,用户不发射任何电磁信号,只要接受卫星导航信号即可定位,所以可全天候昼夜作业,隐蔽性好。

4.3.3.2 GLONASS 不甘落后

俄罗斯 GLONASS 卫星定位系统拥有工作卫星 21 颗,分布在 3 个轨道平面上,同时有 3 颗备份星。每颗卫星都在 1.91 万 km 高的轨道上运行,周期为 11 小时 15 分。因 GLONASS 卫星星座一直处于降效运行状态,现只有 8 颗卫星能够正常工作。GLONASS 的精度要比 GPS 系统的精度低。为此,俄罗斯正在着手对 GLONASS 进行现代化改造,2008 年 12 月就发射了 3 颗新型"旋风"卫星。该卫星的设计寿命为 7 ~ 8 年(现行卫星寿命为 3 年),具有更好的信号特性。

GLONASS 与 GPS 不同之处一是卫星发射频率不同。GPS 的卫星信号采用码分多址体制,每颗卫星的信号频率和调制方式相同,不同卫星的信号靠不同的伪码区分。而 GLONASS 采用频分多址体制,卫星靠频率不同来区分,每组频率的伪随机码相同。由于

卫星发射的载波频率不同，GLONASS 可以防止整个卫星导航系统同时被敌方干扰，因而具有更强的抗干扰能力。

二是坐标系不同。GPS 使用世界大地坐标系（WGS－84），而 GLONASS 使用苏联地心坐标系（PE－90）。

三是时间标准不同。GPS 系统时与世界协调时相关联，而 GLONASS 则与莫斯科标准时相关联。

4.3.3.3 "伽利略"后来居上

"伽利略"系统是欧洲计划建设的新一代民用全球卫星导航系统。按照规划，"伽利略"计划耗资约 27 亿美元，星座由 30 颗卫星组成。卫星采用中等地球轨道，均匀地分布在高度约为 2.3 万 km 的 3 个轨道面上，星座包括 27 颗工作星，另加 3 颗备用卫星。系统的典型功能是信号中继，即向用户接收机的数据传输可以通过一种特殊的联系方式或其他系统的中继来实现，例如通过移动通信网来实现。"伽利略"接收机不仅可以接受本系统信号，而且可以接受 GPS、"格洛纳斯"这两大系统的信号，并且具有导航功能与移动电话功能相结合、与其他导航系统相结合的优越性能。

"伽利略"系统与 GPS 系统的主要区别在于"伽利略"系统确定地面位置或近地空间位置要比 GPS 精确 10 倍。其水平定位精度优于 10 m，时间信号精度达到 100 ns。必要时，免费使用的信号精确度可达 6 m，如与 GPS 合作甚至能精确至 4 m。一位电子工程师举例说明了这个区别："如今的 GPS 只能找到街道，而'伽利略'系统则能找到车库门。"

4.3.4 北斗卫星定位系统

北斗卫星定位系统是由中国建立的区域导航定位系统。该系统由 4 颗（2 颗工作卫星、2 颗备用卫星）北斗定位卫星（北斗一号）、以地面控制中心为主的地面部分、北斗用户终端三部分组成。北斗定位系统可向用户提供全天候、24 小时的即时定位服务，授时精度可达数十纳秒（ns）的同步精度，北斗导航系统三维定位精度为几十米，授时精度约 100 ns。美国的 GPS 三维定位精度 P 码目前已由 16 m 提高到 6 m，C/A 码目前已由 25～100 m 提高到 12 m，授时精度目前约 20 ns。北斗一号导航定位卫星由中国空间技术研究院研究制造。4 颗导航定位卫星的发射时间分别为：2000 年 10 月 31 日，2000 年 12 月 21 日，2003 年 5 月 25 日，2007 年 4 月 14 日，第三、四颗是备用卫星。2008 年北京奥运会期间，它在交通、场馆安全的定位监控方面，和已有的 GPS 卫星定位系统一起，发挥"双保险"作用。

"北斗一号"卫星定位出用户到第一颗卫星的距离，以及用户到两颗卫星距离之和，从而知道用户处于以第一颗卫星为球心的一个球面和以两颗卫星为焦点的椭球面之间的交线上。另外，中心控制系统从存储在计算机内的数字化地形图查寻到用户高程值，又可知道用户处于某一与地球基准椭球面平行的椭球面上。从而中心控制系统可最终计算出用户所在点的三维坐标，这个坐标经加密由出站信号发送给用户。

"北斗一号"的覆盖范围是北纬 5°～55°、东经 70°～140°之间的心脏地区，上大下小，最宽处在北纬 35°左右。其定位精度为水平精度 100 m，设立标校站之后为 20 m（类似差分状态）。工作频率 2 491.75 MHz，系统能容纳的用户数为每小时 540 000 户。

北斗导航系统是覆盖我国本土的区域导航系统，覆盖范围东经70°～140°，北纬5°～55°。GPS是覆盖全球的全天候导航系统，能够确保地球上任何地点、任何时间能同时观测到6～9颗卫星（实际上最多能观测到11颗）。

北斗导航系统是在地球赤道平面上设置2颗地球同步卫星，其赤道角距约60°。GPS是在6个轨道平面上设置24颗卫星，轨道赤道倾角55°，轨道面赤道角距60°。

北斗导航系统是主动式双向测距二维导航。地面中心控制系统解算，供用户三维定位数据。美国GPS系统采用的是被动式伪码单向测距三维导航，由用户设备独立解算自己三维定位数据。为了弥补这种系统易损性，GPS正在发展星际横向数据链技术，使万一主控站被毁后GPS卫星可以独立运行。"北斗一号"系统从原理上排除了这种可能性，一旦中心控制系统受损，系统就不能继续工作了。但"北斗一号"的工作原理带来两个方面的问题：一方面是用户定位的同时失去了无线电隐蔽性，这在军事上相当不利；另一方面由于设备必须包含发射机，因此在体积、重量、价格和功耗方面处于不利的地位。

"北斗一号"用户的定位申请要送回中心控制系统，中心控制系统解算出用户的三维位置数据之后再发回用户，其间要经过地球静止卫星走一个来回，再加上卫星转发，中心控制系统的处理，时间延迟就更长了，因此对于高速运动体，就加大了定位的误差。此外，"北斗一号"卫星导航系统也有一些自身的特点，其具备的短信通信功能就是GPS所不具备的。

综上所述，北斗导航系统的优点为：卫星数量少，投资小，用户设备简单价廉，能实现一定区域的导航定位、通信等多用途，可满足当前我国陆、海、空运输导航定位的需求。缺点是不能覆盖两极地区，赤道附近定位精度差，只能二维主动式定位，且需提供用户高程数据，不能满足高动态和保密的军事用户要求，用户数量受一定限制。但最重要的是，"北斗一号"导航系统是我国独立自主建立的卫星导航的初步起步系统。此外，该系统并不排斥国内民用市场对GPS的广泛使用。相反，在此基础上还将建立中国的GPS广域差分系统，可以使受SA干扰的GPS民用码接收机的定位精度由百米级修正到数米级，可以更好地促进GPS在民间的利用。当然，我们也需要认识到，随着我军高技术武器的不断发展，对导航定位的信息支持要求越来越高。

美国的GPS和俄罗斯的GLONASS，都是使用24颗卫星（GPS其中有3颗备用卫星，GLONASS则因经费问题损失了几颗卫星）组成网络。这些卫星不中断地向地面站发回精确的时间和它们的位置。GPS接收器利用GPS卫星发送的信号确定卫星在太空中的位置，并根据无线电波传送的时间来计算它们间的距离。等计算出至少3～4颗卫星的相对位置后，GPS接收器就可以用三角学来算出自己的位置。每个GPS卫星都有4个高精度的原子钟，同时还有一个实时更新的数据库，记载着其他卫星的现在位置和运行轨迹。当GPS接收器确定了一个卫星的位置时，它可以下载其他所有卫星的位置信息，这有助于它更快地得到所需的其他卫星的信息。

北斗卫星导航系统可以为船舶运输、公路交通、铁路运输、野外作业、水文测报、森林防火、渔业生产、勘察设计、环境监测等众多行业以及军队、公安、海关等其他有特殊调度指挥要求的单位提供定位、通信和授时等综合服务。

2000年，北斗导航定位系统两颗卫星成功发射，标志着我国拥有了自己的第一代卫星导航定位系统,这对于满足我国国民经济、国防建设的需要,促进我国卫星导航定位事业的发展,具有重大的经济和社会意义。

北斗系统主要有以下三大功能:

(1)快速定位:北斗系统可为服务区域内用户提供全天候、高精度、快速实时定位服务,定位精度20~100 m。

(2)短报文通信:北斗系统用户终端具有双向报文通信功能,用户可以一次传送40~60个汉字的短报文信息。

由于对包含车辆的位置和状态信息的数据要求有一定的实时性,同时车辆与调控中心之间的信息沟通实际上也是一种数据的通信方式,其信息量一般也不会超过GSM短信息的长度范围,因此利用GSM的短消息业务基本可满足系统通信的需要。另外,通过短信息方式发送数据其成本代价远远低于其他方式(如通过话音信道)。

与其他无线电台等传统方式比较,采用GSM短信息网络系统具有以下优点:①速度快,实时性好,不掉线;②可以双向通信,及时返回终端信息;③设备体积小,操作简单;④由于控制中心无须专门设置大功率发射电台,将大大降低安装费用;⑤覆盖面广,受地理环境影响小。

(3)精密授时:北斗系统具有精密授时功能,可向用户提供20~100 ns时间同步精度。

北斗卫星定位系统的民用服务提供商,目前有五家,以神州天鸿(北京神州天鸿科技有限公司)和北斗星通(北京北斗星通卫星导航技术有限公司)最为出色。

北斗应用同时具备定位与通信功能,无需其他通信系统支持;覆盖中国及周边国家和地区,24小时全天候服务,无通信盲区;特别适合集团用户大范围监控与管理,以及无依托地区数据采集用户数据传输应用;独特的中心节点式定位处理和指挥型用户机设计,可同时解决“我在哪”和“你在哪”的问题;自主系统,高强度加密设计,安全、可靠、稳定,适合关键部门应用。

参考文献

[1] 徐绍铨,张华海,杨志强,等. GPS测量原理及应用[M]. 武汉:武汉大学出版社,2003.

[2] 黄智伟. GPS接收机电路设计[M]. 北京:国防工业出版社,2005.

[3] 金国雄,缪临平. GPS卫星定位的应用与数据处理[M]. 上海:同济大学出版社,1994.

[4] 刘美生. 全球定位系统及其应用综述(二)——GPS[J]. 中国测试技术,2006,32(6).

[5] 刘美生. 全球定位系统及其应用综述(三)——GPS的应用[J]. 中国测试技术,2007,33(1).

[6] 孙亚伟,曹乃森. 全球卫星导航系统GPS/GLONASS/伽利略的对比研究[J]. 信阳农业高等专科学校学报,2009,19(2).

[7] 王明华,郑诗发,胡权,等. GALOLEO与GPS间比较分析及其在测绘中的应用前景[J]. 测绘工程,2009,18(3).

[8] 杜道生,陈军,李征航. RS、GIS、GPS的集成与应用[M]. 北京:测绘出版社,1995.

[9] 王广运,郭秉义,李宏涛. 差分GPS定位技术与应用[M]. 北京:电子工业出版社,1996.

[10] 张风举. GPS定位技术[M]. 北京:煤炭工业出版社,1997.

[11] 冯锡生. GPS及其通信组网[M]. 北京:中国铁道出版社,1996.

第 5 章　GPS/GIS/MIS 的集成与应用

5.1　GPS/GIS 的集成与应用

5.1.1　GPS/GIS 的集成应用目标

作为实时提供空间定位数据的技术，GPS 可以与地理信息系统进行集成，以实现不同的具体应用目标。

5.1.1.1　定位

它主要在诸如旅游、探险等需要室外动态定位信息的活动中使用。如果不与 GIS 集成，利用 GPS 接收机和纸质地形图，也可以实现空间定位；但是通过将 GPS 接收机连接在安装 GIS 软件和该地区空间数据的便携式计算机上，可以方便地显示 GPS 接收机所在位置并实时显示其运动轨迹，进而可以利用 GIS 提供的空间检索功能，得到定位点周围的信息，从而实现决策支持。

5.1.1.2　测量

它主要应用于土地管理、城市规划等领域，利用 GPS 和 GIS 的集成，可以测量区域的面积或者路径的长度。该过程类似于利用数字化仪进行数据录入，需要跟踪多边形边界或路径，采集抽样后的顶点坐标，并将坐标数据通过 GIS 记录，然后计算相关的面积或长度数据。

在进行 GPS 测量时，要注意以下一些问题：首先，要确定 GPS 的定位精度是否满足测量的精度要求，如对宅基地的测量，精度需要达到厘米级，而要在野外测量一个较大区域的面积，米级甚至几十米级的精度就可以满足要求；其次，对不规则区域或者路径的测量，需要确定采样原则，采样点选取的不同，会影响到最后的测量结果。

5.1.1.3　监控导航

它用于车辆、船只的动态监控，在接收到车辆、船只发回的位置数据后，监控中心可以确定车船的运行轨迹，进而利用 GIS 空间分析工具，判断其运行是否正常，如是否偏离预定的路线，速度是否异常，等等。在出现异常时，监控中心可以提出相应的处理措施，其中包括向车船发布导航指令。

图 5-1 描述了 GIS 与 GPS 集成的系统结构模型，为了实现与 GPS 的集成，GIS 系统必须能够接收 GPS 接收机发送的 GPS 数据（一般是通过串口通信），然后对数据进行处理，如通过投影变换将经纬度坐标转换为 GIS 数据所采用的参照系中的坐标，最后进行各种分析运算，其中坐标数据的动态显示以及数据存储是其基本功能。

由于 GPS 具有测量速度快、全天候作业、使用简便、同时获得待测点的三维坐标等优点，因此如何在 GIS 中应用 GPS 技术是 GIS 多年来研究的热点问题。在 GIS 领域，有多种

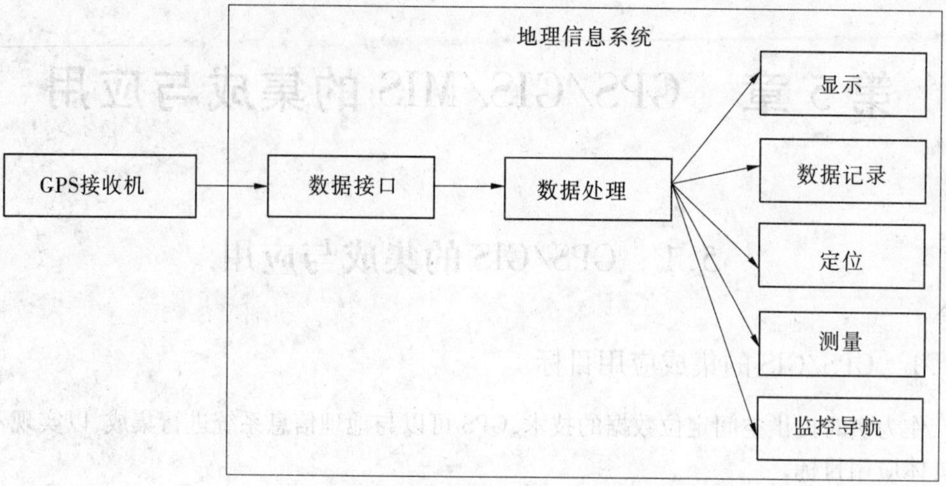

图 5-1　GIS 与 GPS 集成的系统结构模型

应用 GPS 的方式，其中最主要的有以下三种方式：

(1)用 GPS 来确定或校准卫星影像数据的地理坐标。利用 GPS 可以降低影像变形，提高影像的定位精度。通过 GPS 采集三个或三个以上与影像图相对应的地面点的精确地理坐标，就可以对影像的其他部分进行纠正。所以，GPS 采集的地理坐标为影像图提供了与真实世界坐标更好的匹配。

(2)用于卫星影像的地面调查。当一幅特定的卫星影像因反射与向后散射形成特殊的或不能识别的区域时，可以将该区域的坐标载入 GPS 接收机，然后利用 GPS 将用户直接导航到目的地区域，对该类区域做实地考察与检查，以达到识别该类区域的目的。

(3)更新 GIS 或 CAD 系统数据。使用 GPS 采集数据与用鼠标对地图做数字化的工作非常相似。用户只需持 GPS 接收机沿地面移动，就能采集、记录和存储所过之处的地理坐标。

在上述诸多应用方式中，GPS 技术更适用于 GIS 的数据采集。GIS 应用在我国正在各行业迅速展开，已经形成一个新的产业。GPS 将作为 GIS 数据采集的一种直接、高效的手段，在我国的地理信息产业中发挥更大的作用。同时，我们也应看到 GPS 本身的局限性。例如，在高密度的高层建筑区，因为大楼本身遮挡了天空的很大部分，也就阻挡了 GPS 信号，此时传统的测绘技术也许会更加有效。只有综合利用各种技术和手段，才能使数据采集工作变得快速、高效和准确。

5.1.2　GPS/GIS 的集成方法

GPS 是空间实体快速、精准定位的现代化工具，GIS 是空间信息分析和处理的有力武器。该系统设计用来支持空间数据的采集、管理、处理、分析、建模和显示，以便解决复杂的规划和管理问题。GIS 与 GPS、RS 的进一步集成，GIS 与 CAD 的集成，并行处理技术在 GIS 中的应用已成为 GIS 研究和发展的热点。GIS 的数据源是指建立 GIS 的地理数据库所需的各种数据的来源，主要包括地图、遥感图像、文本资料、统计资料、实测数据、多媒体数据和已有系统的数据等。GIS 的生命力将最终取决于空间数据库的现势性，且这一问题随着 GIS 技术的成熟而显得更加突出。GPS 数据是 GIS 的重要数据信息源和数据更新手段。

5.1.2.1 GPS 与 GIS 结合的形式

GPS 与 GIS 结合的形式一般有单台移动式和集中监控式。

1. 单台移动式

即在用户设备上直接配备 GIS 工具软件，把接收机天线接收的定位数字信号直接输入 GIS 系统，由 GIS 系统对接收机定位信息进行处理并与其数字地图匹配，这样就可实时显示接收机天线位置。这种情况对于接收机独立运行时可采用，定位精度要求不高。

2. 集中监控式

当定位精度要求高，移动区域广，需要集中显示流动目标的运行状况时，便需要采用本方式。它往往由多台接收机、控制中心和基站组成。其工作流程为：各接收机把接收到的本级位置信号，通过电台发送给基站，基站接收信号后无线发送给控制中心，控制中心把收到的定位信号通过处理并与 GIS 的电子地图相匹配，显示该接收机的位置。其中基站作为中继站，视活动覆盖区的大小及电台发送功率的大小，可多可少。当接收机上电台功率大，或活动范围不大时，可以不要基站。监控中心在了解移动器的运动后还可以通过电台发出接收机动作指令，指挥接收机的运行。

5.1.2.2 GPS 在 GIS 中的应用

GPS 在 GIS 中的应用常常分为以下两种情况：

(1) 直接用 GPS 空间定位技术对 GIS 的空间数据作实时的更新和采集；

(2) 把 GPS 接收机的实时差分定位技术与 GIS 的电子地图相结合，组成各种电子导航系统。

另外，GPS 还可以为 GIS 中空间数据的采集提供辅助的定位数据，可以大大提高数据的精度和应用范围。下面就 GPS 在 GIS 中的相关应用以实例说明。

1. GIS 空间基础数据的采集

这种数据一般包括应用 GPS 技术所建立的大地测量控制网和水准模型等数据。这些数据所体现的大地模型是地理信息系统（即 GIS）所有空间数据赖以存在的空间基准。它一经建立就会保持相当长时间的稳定，可保持几十年甚至上百年。目前，应用 GPS 系统的静态或快速静态模式，可建立各种等级的测量控制网。由于 GPS 技术的应用，各等级的测量控制网的布设在精度、速度和成本等方面都得到了极大的改善。

2. 地形数据的局部修测

地形数据是 GIS 数据的基础部分，这些数据在总体上是比较稳定的，整体数据的更新时间比较长，但局部的修测和补充往往比较频繁，否则，数据的现势性和应用价值就会降低。利用 GPS 来进行这方面的工作，具有明显的优越性。传统的地形测量方法，必须遵循先逐级布设控制，然后进行碎部测量的操作程序，并且要按照所布设的图根点逐一设站，每站测量的地形范围都是有限的，所以工作效率和成图精度都受到了很大的限制。而利用 GPS RTK 技术进行野外作业时，流动站与参考站之间的距离可达 10 ~ 20 km。所以，流动站可以在 10 ~ 20 km 范围内机动灵活地采集数据，不受视距长度和地形条件的限制，大大提高了工作效率。RTK 技术本身的精度可达厘米级,由于没有其他的中间环节,所以成图的精度也是很高的,碎部点点位数据信息的采集精度将优于 0.1 m。

3. 线路数据的采集与更新

在地理信息系统中,有关公路尤其是高等公路的数据,包括横断面和纵断面以及中心线等数据,非常适合于利用 GPS 进行采集。横断面数据的采集以利用 GPS 的准动态观测模式为宜;纵断面数据信息的采集,可利用动态 GPS 定位技术。采集公路纵断面数据信息时,一般沿公路左右边线和中心线连续地采集断面点的坐标信息。如果应用传统的采集方法,需沿着公路断面线每隔 20 m 采集一个点。与之相比,动态 GPS 的明显优势是它能以更高的采集密度采集平面点的平面坐标和高程信息,从而可以获得更为逼真的公路断面图。

由于大量的公路建设和改造,有许多新公路的数据信息需要进入地理信息系统,因此有时要进行大面积的公路网数据信息的普查工作。这项工作的主要任务是采集公路中心线的位置。这种信息采集工作的精度要求一般并不很高,如果是与 1∶5万或 1∶10 万等中小比例尺地形数据相结合,能达到米级的采集精度就能满足要求。这时,可利用 GPS 伪距动态差分定位技术。观测时,参考站可放在一个比较方便的地方,流动站可安置于汽车的车顶,沿着公路的中心线行驶,这样每天可测量上百千米的线路。如果是与 1∶1万以上的中、大比例尺地形数据相结合,则要求成果精度优于 1.0 m。因此,可应用载波相位差分动态测量技术。相位差分动态测量要求流动站和参考站之间的距离小于 20 km。为了提高工作效率,可沿路每隔 30 km 左右连续布设几个参考站,只设置一个车载流动站。这样,一次就能连续测量近百千米的线路。所以,利用车载 GPS 动态测量,能以极快的速度完成这类线路普查任务。

4. GPS 为 GIS 提供实时定位信息

在各种境界测量中,GPS 定位技术同样能显示其优越性。如在县界测量中,边界点有很多都位于很偏僻的地区,距离已知的高程点很远。但是,边界点的分布都比较密集且呈线状分布,此时根据边长的长短情况,可灵活运用 GPS 的静态和快速静态观测模式。一般先沿着边界的走向,利用静态观测模式每 20 km 左右布设一个控制点。然后,以这些控制点为参照站,利用快速静态模式,对其周围方圆 20 km 范围内的边界点逐一测量,可极大地提高边界测量的精度和工作效率。

由于 GPS 可以提供实时的定位信息,因此当把 GPS 与 GIS 连接起来后,用户可以很快地在 GIS 的电子地图上找到自己的位置。

5.2 GPS 与电子成图

5.2.1 GPS 与电子成图方法

在矢量电子地图中,为方便分类和使用,常将不同类型的地理实体图形数据分布在不同图层中,各图层可相互叠加,顶层的地理实体图形可覆盖底层的地理实体图形,这种特征与 GAD 矢量图类似。各图层中的地理实体图形由 GIS 抽象表示为点、线、面实体。点实体以单点坐标为基础,在矢量图上表示为各种点实体;线实体以多个坐标点数据为基础,在矢量地图中以点连线形成各种单段或多段的线实体;面实体是各种封闭曲线包围的区域,同样有单区域和多区域的面实体。

首先是用 NovAtel 伪距差分 GPS 测量系统获得 A 区部分地理实体的轮廓线大地坐标数据,采集定位误差小于 1 m 的坐标数据,记录在 *. gps 文件中(源数据文件)。并把源数据文件的大地坐标数据通过坐标系间的转化公式,转换为地方坐标数据,保存在目标数据文件 *. txt 中。

然后以目标数据文件中轮廓线控制点为基础,通过程序设计,定制开发 MapInfo,在电子地图中实现以点连线,形成线实体;又以封闭曲线形成面实体。通过图层修改、匹配,实现以上地理实体成果与 A 区旧有电子地图相结合。

研究工作要点就在于利用差分 GPS 技术快捷、准确的优点,获得测量数据,对 A 区旧有电子地图进行及时更新。电子地图自动更新模块的主要功能是可对三个原始图层(建筑物、道路、绿化带),也即对应的三个 *. tab 原始表(Buildings. Tab, Roads. tab, Greens. tab)进行更新,并以此作为有一定推广意义的例子来加以研发。

利用 GPS 的电子地图自动更新模块由两个子功能模块构成,分别为“更新地图”和“取消更新”,由用户在 MapInfo 软件环境下通过点选菜单项 Update 或 Recover 来完成相应子模块功能。

Update 和 Recover 菜单项是在主程序代码中完成的,两菜单项在主程序中对应分别调用两个子程序,两个子程序分别完成相应的两个子功能模块所对应的功能,如图 5-2 所示。

```
Greate Menu "Map update" As
"Update" Calling update_sub,
"Recover" Calling recover sub
Alter Menu Bar Add "Map update"
```

图 5-2　定制开发菜单项的代码

除了调用两个子程序,主程序还需要打开与三个原始图层——建筑物、道路、绿化带对应的三个 *. tab 原始表(Buildings. tab, Roads. tab, Greens. tab);以及一个专用于生成新对象实体标注的特殊表 Labels. tab 和两个临时表:一个是在叠加分析以前以及叠加分析之中暂时存放新生成对象的临时表 Newobj_Tab. tab,另一个临时表 Sel_Items. tab 是用于存放叠加分析之后所得到的与新对象叠加的各个图层的对象。此外,还有一个存放从各个原始表删掉的对象实体,以便以后恢复所用的特殊表 Cancel_Tab. tab,即从各个原始表删掉的对象实体并没有真正删掉,而是存放在 Cancel_Tab. tab 中。其中,三个原始表文件及其对应文件是已有的,其他各表是在 MapInfo 中创建的。各表均可地图化。各表结构示意图如图 5-3 ~ 图 5-6 所示,其中 Obj 字段在 MapInfo 中不可见。打开各表代码如图 5-7 所示。

对象号	图层标志	版本号	名称	Obj
1	Bu	0	第五教学楼	
2	Bu	0	光电工程学院	
⋮	⋮	⋮	⋮	⋮

图 5-3　Buildings. tab 示意图

名称	版本号	Obj
草坪 1	1	
⋮	⋮	⋮

图 5-4　Labels. tab 示意图

对象号	图层标志	Obj
22	Bu	
17	Gr	
⋮	⋮	⋮

图 5-5　Sel_Items. tab 示意图

对象号	图层标志	版本号	名称	Obj
1	Bu	1	第五教学楼	
17	Gr	1	草坪 17	
⋮	⋮	⋮	⋮	⋮

图 5-6　Cancel_Tab. tab 示意图

```
Open Table "C:\project\mapinfo\Buildings"
Open Table "C:\project\mapinfo\Greens"
Open Table "C:\project\mapinfo\Roads"
Open Table "C:\project\mapinfo\Newobj_Tab"
Open Table "C:\project\mapinfo\Sel_Items"
Open Table "C:\project\mapinfo\Labels"
Open Table "C:\project\mapinfo\Cancel_Tab"
```

图 5-7　主程序打开表代码

5.2.1.1 "更新地图"子模块概述

"更新地图"子模块(子程序)所完成的功能是通过 Windows 标准对话框,由用户定位数据文件 *.txt,来定位已转换到地方独立坐标系的 GPS 测量成果坐标数据。

"更新地图"子程序从该目标数据文件中循环获取生成每一对象实体的轮廓线坐标数据(x,y)。以这样得到的顺序轮廓线坐标数据为基础,"更新地图"子程序再通过对话框,由用户选择新生成对象实体所位于的图层,以及输入新生成对象的名称,如图 5-8 所示。

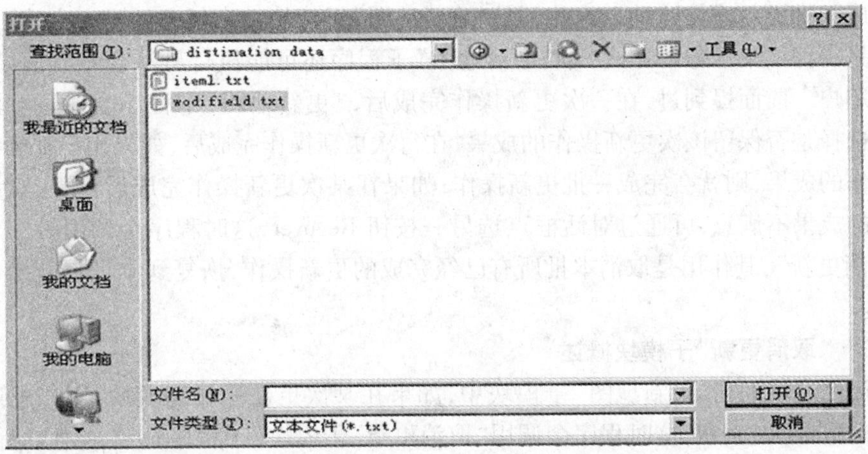

图 5-8　定位目标数据文件的对话框

然后,"更新地图"子程序生成新的对象实体,并使新的对象实体呈带红色斜线的特殊样式,显示在三个原始图层——建筑物、道路、绿化带为背景的顶层,以便用户识别。

新生成的对象实体在地理位置上有可能和三个原始图层的旧有对象实体相互叠加或是相互包含,因此"更新地图"子程序随后的工作是进行叠加分析。通过对话框,用户来指定以下三种选择之一:

(1)完全删除与新对象实体相叠加的旧有对象实体;

(2)如果新对象实体与旧有对象实体相叠加或包含,仅仅删除旧有对象实体与新对象实体相叠加的部分,而保留旧有对象实体没有叠加的部分;

(3)不做任何删除操作,保留与新对象实体相叠加的旧有对象实体。

与新对象实体相叠加或包含的旧有对象实体可能不止一个,"更新地图"子程序会逐一改变与新对象实体相叠加的旧有对象实体的显示特性,仅使当前旧有对象实体以特殊方式显示,以提示用户当前是对该旧有对象实体进行上述的三选一操作。

关于当前新生成的对象,对所有相叠加或包含的旧有对象实体完成三选一操作后,"更新地图"子程序会完成相应的功能,并将该新生成的对象实体以及标注置于应该位于的三个原始图层之一。上述的将新生成的对象实体置于三个原始图层之一,并通过对话框用户界面对所有与新对象实体相叠加或包含的旧有对象实体完成三选一操作,这个过程称为一次更新操作。

在一次更新操作完成后,"更新地图"子程序会通过对话框,要求用户选择是否保留该次更新操作的成果。如果用户确认这次更新操作的成果,则在对话框上点选"Continue"按钮,程序会从目标数据文件中读取下一个需要生成的对象实体的坐标数据,重复上述的更新操作过程,即进行下一次更新操作,直到读取了目标数据文件的最后一个需要生成的对象实体的坐标数据,进行了最后一次更新操作,"更新地图"子模块的任务即告结束。该子模块是通过逐一取得用户指定的目标数据文件中所有关于需生成的每一对象实体的坐标数据,完成每一次更新操作,并且每一次更新操作由用户确认,直到进行了最后一次更新操作来结束任务。整个这个过程称为完成一批更新操作。

完成一批更新操作这种方式并不是“更新地图”子模块结束任务的唯一方式，该子模块还有另一种结束任务的方式，即“更新地图”子程序还可能执行另一套步骤而结束，这取决于用户。前面提到过，在一次更新操作完成后，“更新地图”子程序会通过对话框要求用户选择是否保留该次更新操作的成果，在每次更新操作完成后，如果用户都确认本次更新操作的成果，则就会完成一批更新操作；如果在某次更新操作完成后，用户对该次更新操作的成果不满意，可通过对话框点选另一按钮 Recover，这时程序会调用另一个子模块：“取消更新”，其作用是取消本批所有已经完成的更新操作，恢复到本批更新操作以前的状态。

5.2.1.2 “取消更新”子模块概述

前面已经谈到在“更新地图”子模块中，如果在某次更新操作完成后，用户可通过对话框点选 Recover 按钮，这时程序会调用“取消更新”子模块（子程序）。“取消更新”子模块的启动也可由用户直接点选菜单项 Recover 来取得。通过点选菜单项“取消更新”所达到的效果、功能语意，与前面介绍的由“更新地图”子程序调用“取消更新”子程序是基本一致的。其功能是关于用户指定的目标数据文件，取消它能够生成和已经生成的所有的对象实体，将由于和这些对象实体交叠、包含而被用户删除的三个原始图层的旧有对象实体恢复到三个原始图层原来的位置（在三个原始表中按照原来所在表重新添加被删掉的旧有对象实体）。前面提到的取消本批所有已经完成的更新操作，恢复到本批更新操作以前的状态是同样的意思。如果在“取消更新”子程序执行以前，已进行过 n 批更新操作（对应着程序读取了 n 个目标数据文件），在“取消更新”子程序执行以后，其效果相当于只进行了 $n-1$ 批更新操作；如果 $n=0$，即尚未进行一批更新操作，则“取消更新”，子程序不进行任何操作。“更新地图”子模块（子程序）调用“取消更新”子程序与用户直接点选菜单项“取消更新”调用“取消更新”子模块略有不同之处，前者在本批更新任务尚未完成时，中途取消本批已完成的更新任务部分，而后者是在本批更新任务已经完成后，取消本批更新操作。

“更新地图”子程序调用“取消更新”子程序的功能语意与通过点选菜单项“取消更新”的功能语意基本一致，即在“更新地图”子模块中，如果在某次更新操作完成后，用户可通过对话框点选“取消”按钮，程序就会调用“取消更新”子模块（子程序）。这样定义“取消”按钮的功能语意的目的，即取消本批更新操作而不是取消本次更新操作，是因为如果用户对本次更新操作不满意，而仅仅取消本次更新操作，会造成对生成该对象实体的坐标数据处置的困难。该对象实体的坐标数据也是经 GPS 系统实测转换得到的，如果用户对由这些坐标数据生成的对象实体不满意，可由用户通过其他方式自行处置目标文件中的有关坐标数据：既可在目标数据文件 *.txt 中调整、修改有关坐标数据，然后重新进行本批更新操作；也可将有关坐标数据删除，未来重新测量转换后加入其他目标数据文件，作为另一批更新操作的预备数据。这样增加了使用的灵活度，避免了操作的复杂性，“更新地图”子程序调用“取消更新”公共子模块也简化了程序设计的复杂性。

5.2.2 电子成图的实现

“更新地图”子程序首先需要确定本批更新是第几批更新。要知道这是第几批更新，首先需要在各个表中设立一些标记。这是通过在三个原始表(Buildings. tab,Roads. tab,Greens. tab)及特殊表 Cancel_Tab. tab 中设立“版本号”这一字段(field)来实现的,“版本号”为短整数型。这四个表中每条记录的“版本号”初始值为0(每条记录的 Obj 字段为一个对象实体)。每进行一批更新操作,通过子程序设定,新加入到三个原始表的所有新对象所在记录的“版本号”的值在这之前(进行这批更新操作之前)最高版本号值的基础上加1;同样,被转移到特殊表 Cancel_Tab. tab 中的本批记录的“版本号”值与所有新对象所在记录的“版本号”值相同。比如进行这批更新操作之前最高版本号的值为 $n+1$,在进行了这批更新操作之后,现在最高版本号的值为 $n+1$;这批更新操作完成后,“版本号”字段值为 $n+1$ 的是两种类型的记录:

(1)本批更新操作完成之后,三个原始表中新加入的所有新对象所在记录。

(2)本批更新操作完成之后,所有在三个原始表中被“删除”的记录(并没有真正被删除,这些记录被转移到特殊表 Cancel_Tab. tab 中)。

后面将逐渐说明特殊表 Cancel_Tab. tab 和“版本号”字段作用。所以,“更新地图”子程序首先需要获取当前最高版本号的值。获取的方法是在程序中由一个函数 CurrentVer( )得到,并将得到的值放入全局变量 Cur_Ver。该函数的作用是遍历四个表所有记录的“版本号”字段值,取其最大的一个值。

然后,“更新地图”子程序通过 Windows 标准对话框让用户定位目标数据文件所在路径,并将该文件作为顺序读取文件打开。目标数据文件的格式如图 5-9 所示。

对象名 1, $x_{11}, y_{11}; x_{12}, y_{12}; \cdots; x_{1n}, y_{1n}; -1, -1$

对象名 2, $x_{21}, y_{21}; x_{22}, y_{22}; \cdots; x_{2n}, y_{2n}; -1, -1$

对象名 m, $x_{m1}, y_{m1}; x_{m2}, y_{m2}; \cdots; x_{mn}, y_{mn}; -1, -1$

图 5-9　目标数据文件格式

每当程序进行一次更新时,程序首先从目标数据文件中获得一个新对象的名称,然后通过一个循环结构顺序获得该对象每一坐标点 x,y 坐标数据以生成该对象,循环结束条件为当程序读到的 x,y 坐标为 -1。每当程序进行一批更新操作时,其中的每次更新操作同样处于一个循环结构。如果用户对每次更新成果均满意,每次更新操作会循环下去。程序在进行了若干次更新操作后,如果从目标数据文件中读取的下一个对象名为 -1,这是本批更新操作循环结束的条件,并以此结束本批更新操作循环,结束“更新地图”子程序。

在打开目标数据文件后,“更新地图”子程序会进入本批更新操作循环的第一次更新操作,子程序完成的工作为如下几个步骤:

(1)生成一个用户对话框,由用户选择本次更新所生成的对象实体应该位于三个原始图层的哪一个图层(也即要确定新生成的对象实体作为三个原始表记录的 Obj 字段值,应该添加到哪一个原始表),用户还需要输入新生成的对象实体的正式名称。目标数据文件中的各对象名称为提示名称,作为用户对话框的标题名称以提示用户本次更新操作将生成哪一个对象。比如,本次更新操作从目标数据文件读取的对象名称为“green1”,则本次更新操作的用户对话框的标题名称为“green1”。而用户在用户对话框中输入的新生成对象实体的名称是用于加入的表中,并用于矢量地图上对象实体标注。

(2)在一个循环结构中,从目标数据文件顺序读取关于该生成实体的轮廓线的坐标数据,由此生成对象实体。目标数据文件的格式前面已经解释过了,新生成的对象带有红色斜线以便于用户识别,放入临时表 Newobj_Tab. tab 中,Newobj_Tab. tab 对应的图层设置在三个原始图层的顶部。

(3)叠加分析,查询新生成对象实体是否与原始的三个图层(建筑物、绿化带、道路图层)的所有对象部分叠加或是包含。对三个原始表,分别对每一个表,用 SQL 语句方法查询所有记录中的对象是否与新对象叠加。将满足条件的所有记录放入临时表 Sel_Items. tab 中,以便后面的分析。Sel_Items. tab 没有包含原始表的所有字段,它只含有原始表也包含的“图层标志”、“对象号”以及 Obj 字段,其每一条记录是相应原始表记录的节选。关于原始表包含的所有字段的内容及其作用,后文将逐渐解释。同样,在本次更新完成后,Sel_Items. tab 临时表中的记录将由“更新地图”子程序彻底删除,以便下一次更新重新使用。

(4)由用户对临时表 Sel_Items. tab 中的每一条记录的对象作出各种不同处置方法。在一个循环结构中,对临时表 Set_Items. tab 中每一条记录 a 进行如下操作:

①改变记录 a 的 Obj 字段值的显示特性,使其以特殊的斜线样式显示,但底色仍然是原来图层实体默认的底色,以提示用户将对该对象实体进行操作。

②通过对话框,让用户选择(即前面提到的三选一):是删除整个当前旧有实体,还是删除相交叠的部分而保留旧有实体没有交叠的部分;或者是不进行任何的删除操作,而保留当前整个旧有实体。

A. 如果用户在用户对话框中选择删除整个旧有实体,则程序中实际完成的工作是:由记录 a 的“图层标志”字段值可确定该条记录是取自三个原始表中的哪一个表(假设为原始表Ⅰ)。又由记录 a 的“对象号”字段值可以确定 a 是取自原始表Ⅰ的哪一条记录(假设为记录 A)。在原始表Ⅰ中定位记录 A 并将 A 转移到特殊表 Cancel_Tab. tab 中。

这里“转移”的含义实际上是将原始的所有字段值取出,作为一条记录加入到特殊表中,并将原始表中的记录 A 删除。被转移到特殊表 Cancel_Tab. tab 中的记录 A 的“版本号”值需要置为在这之前最高版本号值的基础上加 1。将原始表中的记录 A 转移到特殊表 Cancel_Tab. tab 中而不是将 A 直接删除,其目的在于当用户需要取消本批更新时(在 MapInfo 中直接点选“取消更新”菜单项或是用户对某次更新操作不满意,在对话框中点选“取消”按钮),从原始表中转移出去的记录可以再转移回来。至此,Sel_Items. tab 记录 a 的历史使命已经完成,最后一步工作是在 Sel_Items. tab 中删除记录 a。

“图层标志”,字段值为字符串型数据,有以下几种情况:“Bu”、“Gr”、“Ro”。“Bu”表示记录 a 取自原始表 Buildings. tab,“Gr”表示记录 a 取自原始表 Greens. tab,“Ro”表示记录 a 取自原始表 Roads. tab。原始表中的“图层标志”字段值均为其自身。比如记录 a“图层标志”字段值为“Gr”,表示记录 a 取自 Greens. tab,而 Greens. tab 中各记录的“图层标志”字段值均为“Gr”。所以,在原始表中设置“图层标志”字段,并让各记录的该字段值均设置为相同,就是为了当选取某条记录到临时表 Sel_Items. tab 时,“图层标志”字段值可以保留在 Sel_Items. tab 的某条记录中,就可以利用该值由程序判断出 Sel_Items. tab 中的某条记录是取自哪一个原始表。同样，“对象号”字段值在原始表中的作用是：当选取某条记录到临时表 Sel_Items. tab 时，“对象号”字段值可以保留在 Sel_Items. tab 的某条记录中，就可以利用该值由程序判断出 Sel_Items. tab 中的某条记录是取自某个原始表的哪一条记录。只是在每一个原始表中的“对象号”字段值均不相同，该字段值为整型数据，是表征每个原始表每一条记录（对象）的唯一标志。

在每个原始表中，“对象号”字段值的初始设置为：第一条记录的该字段值为 1，后一条记录的该字段值在前一条记录的基础上加 1。由 Sel_Items. tab 中的某条记录 a 的“图层标志”与“对象号”字段值就可唯一确定记录 a 是取自哪一个原始表的哪一条记录。比如记录 a“图层标志”字段值为“Gr”，“对象号”字段值为 21，可确定记录 a 取自 Greens. tab 的“对象号”字段值为 21 的那一条记录。在原始表中定位记录 A 可以通过 SQL 语句方法来完成，得到查询结果记录的条件是 A 的“对象号”字段值与 a 的“对象号”字段值相同。这里实际上已经解释了原始表和临时表 Sel_Items. tab“图层标志”、“对象号”字段值的作用。

B. 如果用户在用户对话框中选择删除相交叠的部分而保留旧有实体没有交叠的部分，则程序中实际完成的工作是：生成一个新的对象实体 Obj 1，Obj 1 是 Sel_Items. tab 记录 a 的 Obj 字段的实体 A 与 Newobj_Tab. tab 唯一记录的 Obj 字段的实体 B 进行差运算的结果，即 Obj 1 = A - B。进行实体对象差运算，获得 Obj 1 可由简单的 MapBasic 语句完成。按照前一种情况同样的方法，由 Sel_Items. tab 中的记录 a 的“图层标志”与“对象号”字段值就可唯一确定记录 a 是取自原始表 I 的记录 A。将记录 A 转移到特殊表 Cancel_Tab. tab 中。然后将新生成实体 Obj 1 作为一条记录 B 的 Obj 字段加入到原始表中。其中，记录 B 的“图层标志”字段值仍与表中其他记录的“图层标志”字段值相同，“对象号”字段值在函数 MaxSeq(*i*)的基础上重新确立。MaxSeq(*i*)的作用是用 SQL 方法找到原始表各记录“对象号”字段值的最大值 max_seq，则记录 B 的“对象号”字段值在 max_seq 基础上加 1。同时，还须将记录 B 的“版本号”字段值置为在这之前（进行这批更新操作之前）最高版本号值的基础上加 1。同样，被转移到特殊表 Cancel_Tab. tab 中的记录 A 的“版本号”值也需要置为在这之前（进行这批更新操作之前）最高版本号值的基础上加 1。同前面，最后一步工作是在 Sel_Items. tab 中删除记录 a。

C. 如果用户在用户对话框中选择不进行任何的删除操作，而保留当前整个旧有实体，则程序并不对各原始表与特殊表 Cancel_Tab. tab 进行各种增删操作，只是在 Sel_Items. tab 中删除记录 a。

（5）将本次更新得到的新对象实体，即临时表 Newobj_Tab. tab 中当前唯一记录的对象实体，作为一条新记录 Obj 字段值，并将新记录插入到相应的原始表 I 中。应该插入哪一个原始表是由用户在对话框中指定的。新记录的“图层标志”字段值与该原始表 I 其他记录的“图层标志”字段值相同（“Bu”或“Gr”或“Ro”）。新记录的“对象号”字段值由函数 MaxSeq(*i*)确定，找到原始表 I 各记录“对象号”字段值的最大值 max_seq，则新记录的“对象号”字段值在 max_seq 基础上加 1。新记录的“版本号”字段值被设为在这之前（进行这批更新操作之前）最高版本号值的基础上加 1，即 Cur_Ver + 1。新记录的“名称”字段是字符串变量，其值为用户在对话框中所输入的新生成对象的名称。

(6)对本次更新新生成的对象实体进行标注。“更新地图”子程序没有用到装饰图层的方法来对本次更新新生成的对象实体进行标注,而是在矢量地图的最上层设置一个图层“标注”,该图层与一个可地图化的表 Labels. tab 对应。“标注”图层设置在矢量地图各图层的最上面(前面提到各图层显示顺序从顶到底依次为:Labels. tab, Newobj_Tab. tab, Sel_Items. tab, Buildings. tab, Roads. tab, Greens. tab)。它的工作原理是:先得到本次更新新生成的对象实体的质心 P,这可用简单的 MapBasic 语句实现。需补充说明的是,在主程序中,应将“标注”图层的自动可标注特性设置为打开(默认为关闭)。Labels. tab 表中有三个字段,Obj 字段用于存放新生成的对象实体的质心 P 点对象,Labels. tab 表的“名称”字段用于存放新生成对象的名称,也就是用户在对话框中所输入的新生成对象的名称,“版本号”字段的作用与其他表的“版本号”字段作用相同。所以,在一次更新操作的本步骤,将得到的新生成的对象实体的质心 P 点对象、新生成对象的名称、原始表中本次更新新生成的对象所在记录的“版本号”字段值作为相应的字段值而成为一条记录插入 Labels. tab 表中。其效果为:由于“标注”图层的自动显示特性被设置为打开,所以 Labels. tab 表的“名称”字段值在本记录的实体对象(点对象)上,就成为标注显示在矢量图上;在主程序中 Labels. tab 表对象显示特性,已被程序设置为不可见特性,而每条记录的实体对象(点对象)又是本次更新新生成对象的质心,所以从视觉上讲,新生成对象的标注在矢量图上就正好位于新生成对象之上。

如果在某次更新操作完成后,用户对该次更新操作的成果不满意,用户可以取消更新,该子程序的目的有两个:

(1)使三个原始表、标注表 Labels. tab 以及特殊表 Cancel_Tab. tab 的各条记录的状态回到本批更新以前的状态。

(2)使矢量地图回到本批更新以前的显示状态。

为达到上述目的,需要对不是临时表的所有其他表的某些记录进行处理,包括三个原始表、标注表 Labels. tab、特殊表 Cancel_Tab. tab。由某条记录的“版本号”字段值来决定是否需要处理该记录。可以设想,在上述几个表的所有记录中,如果某些记录的“版本号”字段值是当前的最大值,就说明这些记录是本批更新操作过程中或完成后新加入的,不管是在原始表、标注表,还是特殊表中,都是这样的情况。

对于原始表和标注表,如果它们当中某条记录的“版本号”字段值是当前的最大值,则该记录是本批更新操作新加入的记录(设为记录 A)。在原始表新加入记录的 Obj 字段正好对应在矢量地图上本批更新操作新加入的对象实体,所以“取消更新”子程序将记录 A 从原始表中删除。前面介绍过标注表 Labels. tab 的工作原理,如果在 Labels. tab 中某条记录 B 的“版本号”字段值为当前最大值,就说明该记录的 Obj 对象是本批更新新生成对象的质心点对象,由于 Labels. tab 的标注特性在程序中被设置为自动打开,在矢量图上关于该条记录的标注就是新生成对象的标注。如果将 Labels. tab 中的该条记录删除,那么在矢量图上关于新生成对象的标注也自动消失。所以“取消更新”子程序将记录 B 从 Labels. tab中删除。而对于特殊表 Cancel_Tab. tab,需要将“版本号”字段值为当前最大值的所有记录 C 转移回原始表。而转移回某个特定原始表由 Cancel_Tab. tab 中记录 C 的“图层标志”字段值来决定,该字段的作用在前面已经解释过。

将记录 C 放回原始表 I 的过程中,“对象号”和“版本号”字段值需要由子程序重新设定。“对象号”字段值的设定方法与前面一样,由函数 MaxSeq(i)确定在这个表中当前所有记录最大的“对象号”值,则记录 C 的“对象号”字段值被重设为 MaxSeq(i) +1。“版本号”字段值被重设为 0。子程序同样由函数 CurrentVer( )获取当前最高版本号的值,并将得到的值放入全局变量 Cur_Ver 以供使用。如果 CurrentVer( ) =0,则子程序不进行任何操作。

5.2.3 语义完整性约束设计

为了实现语义完整性约束,“取消更新”子程序必须使取消本批更新之后的状态与进行了 n 批更新操作的状态相同,这就是语义完整性的含义。“取消更新”子程序需要在本批操作后,将新添加到原始表和标注表的各条记录删除。只要在原始表 Greens. tab 和标注表 Labels. tab 中分别找到某条记录的 Buildings. tab, Roads. tab“版本号”字段值为 $n+1$,将其删除即可。同时“取消更新”子程序需要在本批操作后,将新转移到特殊表 Cancel_Tab. tab 中的某些记录,重新转移回原始表中,只要在 Cancel_Tab. tab 中找到某些记录的“版本号”字段值为 $n+1$,并由“图层标志”字段值(“Bu”、“Gr”、“Ro”)索引原始表,将这些记录重新转移回原始表中,重新设定记录的“对象号”和“版本号”字段值即可。将“对象号”字段值设置为 MaxSeq(i) +1(i 表示该原始表),以使记录的“对象号”字段值唯一可标识,将“版本号”字段值设置为 0,表示该记录处于所有更新以前的状态。

5.3 地理信息系统与管理信息系统

5.3.1 认识管理信息系统

电子计算机问世不久就被应用于管理领域,开始人们主要用它进行数据处理和编制报表,其目的是实现办公自动化,通常把这一类系统所涉及的技术称做电子数据处理 EDP(Electronic Data Processing)。EDP 把人们从烦琐的事务处理中解脱出来,大大地提高了工作效率。但是,任何一项数据处理都不是孤立的,它必须与其他工作进行信息交换和资源共享,因此有必要对一个企业或一个机关的信息进行整体分析和系统设计,从而使整个工作协调一致。在这种情况下,管理信息系统应运而生,使信息处理技术进入了一个新的阶段,并迅速获得发展。

管理信息系统是一个历史范畴,它的内涵随着时间的变化而不断地变化。从最早的业务处理系统到流行的管理信息系统,从简单的部门信息管理到企业战略信息管理,都能感受到管理信息系统的发展和变化。随着信息技术的迅猛发展和在企业中的广泛应用,客观上要求产生与此相适应的管理思想、理论、方法和工具。管理信息系统作为一种管理思想、方法和技术,体现了信息技术在管理领域的实践,把企业的管理思想和理论推到了一个新的高度。

管理信息系统(Management Information Systems,简称 MIS)是一个由人、计算机等组成的,能进行管理信息的收集、传递、储存、加工、维护和使用的系统。由于管理信息系统涉及企业的技术、管理、组织等多个方面，因此为了理解管理信息系统的概念就需要分别从技术的角度、管理的角度和组织的角度分别定义。管理信息系统示意图如图 5-10 所示。

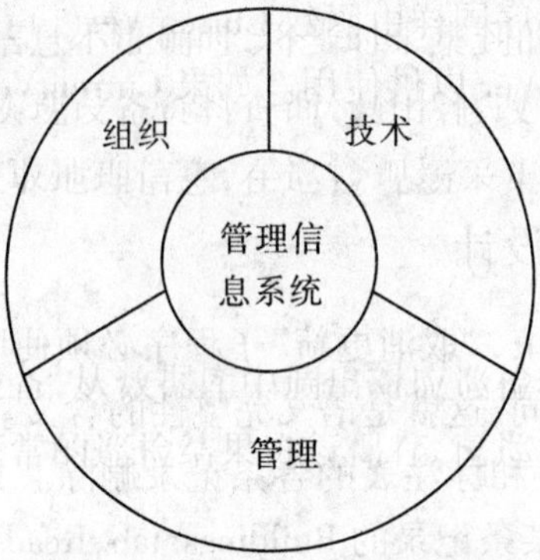

图 5-10　管理信息系统示意图

从组织的角度来看，管理信息系统是组织的一个组成部分，或是组织的自然延伸。例如，在许多从事电子商务服务的公司中，如果没有了管理信息系统，那么也就没有了公司本身。组织是一种稳定的、正式的社会结构，它从环境中得到资源，然后经过自身的处理为环境提供有价值的输出。对于一个组织来说，关键组成元素包括人、组织结构、操作流程、公司政策、文化环境等。从功能上来讲，组织的营销、制造、财务、人力资源等都离不开管理信息系统的支持。

管理信息系统与组织的作用是相互的。一方面由于管理信息系统的影响，组织的结构向扁平化方向发展，组织中的各种员工使用管理信息系统高效率地从事工作，为完成某项任务的标准操作流程可以使用管理信息系统自动化等。另一方面，管理信息系统的开发受到组织的影响，是由组织根据实际需要来计划、执行的。在组织内部，一般建有相应的信息系统部门。由信息系统部门全面管理和维护组织中的管理信息活动。一般地，作为组织的一个职能部门的信息系统部门的人员结构示意图如图 5-11 所示。

从管理的角度来看，管理信息系统是企业的管理人员应付环境挑战的一种解决方案。在企业内部，无论是高层管理人员，还是中层管理人员，甚至低层的操作人员，都离不开管理信息系统的支持，都需要借助管理信息系统的手段进行决策和完成操作。使用管理信息系统可以快速得到组织的各种经营信息、监测企业的运行状况、协调员工之间的工作和评价员工的工作业绩等。

从技术的角度来看，管理信息系统实际上是企业组织的管理人员为了解决面临的各种问题而采用的一种集成了计算机硬件和软件的工具。在管理信息系统中，所涉及的计算机技术包括硬件技术、软件技术、通信和网络技术、Internet 技术、数据库技术等。

从管理信息系统的发展来看，管理信息系统经历了事务处理系统（Transaction Processing System，TPS）、管理信息系统、决策支持系统（Decision Support System，DSS）、办公自动化系统（Office Automation System，OAS）、高层管理支持系统（Execute Support System，ESS）和战略信息系统（Strategic Information System，SIS）等阶段。

管理信息系统的开发方法包括传统的结构化生命周期法、原型法、应用程序软件包

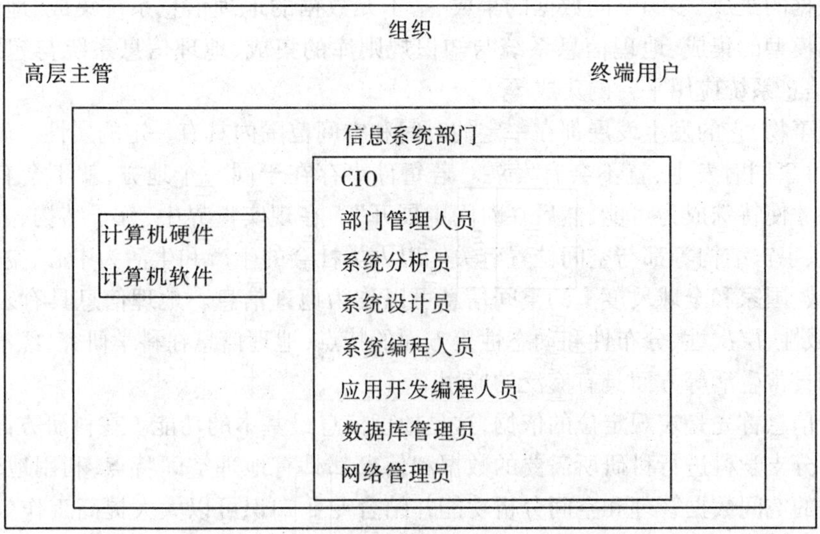

图 5-11　信息系统部门的人员结构示意图

法、终端用户法、外包法、面向对象法等,管理信息系统有时也简称信息系统。

5.3.2　管理信息系统与地理信息系统集成

5.3.2.1　认识地理信息系统集成

随着地理信息应用的广泛和深入,一大批应用地理信息系统已经建立。随着网络技术的发展和实际的应用需要,这些分散的系统要求集成运行,以实现信息共享,提高运行效率。在国家“八五”科技攻关项目中就开展了这方面的研究,在“九五”攻关中,对系统实用化和运行业务化提出了更高的要求。业务化运行的地理信息系统常常是信息源分布分散、信息获取方式多样,信息种类繁多、信息容量巨大,对信息进行处理的模型众多,模型与数据的联系复杂,空间数据处理系统与管理信息系统、办公自动化系统、通信指挥系统等连接紧密,涉及的单位和人员较多,是一种异种硬件、异种软件、异种网络环境、异种开发平台、异种组织和部门相集成的大型集成系统。

随着计算机技术和软件技术的发展,地理信息系统的集成成为可能。网络技术、空间数据库技术、面向对象技术、组件技术等,都使得人们对地理信息系统集成的认识在不断提高。相应地,应用地理信息系统的构建从低层次的软件开发过渡到高层次的集成化阶段。

地理信息系统的集成从低层次的软件开发到高水平的系统集成,无疑是一个巨大的飞跃。随着 GIS 应用的广泛和深入,GIS 的集成越来越多地被赋予更多的概念,其集成有横向的系统间集成,也有地理信息系统功能的集成。系统间的集成主要关注应用地理信息系统和其他地理信息系统或非 GIS 应用系统之间的数据共享,保证系统之间数据的无缝访问。地理信息系统的纵向集成则主要关注地理信息系统内部功能的优化、功能的重用、功能位置透明等。因此,目前地理信息系统的集成应该是地理信息系统全方位的集成,它和地理信息系统的构建方式、体系架构、计算机技术等息息相关,主要包括空间数据和属性数据的集成、多源空间数据的集成、基于元数据的地理信息系统集成、地理信息系统与应用模型的集成、地理信息系统与知识规则库的集成、地理信息系统与超媒体的集成、地理信息系统应用平台的集成等。

任何事物,它的发生发展都在一定的时间和空间范围内具有一定的属性。勒什指出,“如果每件事同时发生,就不会有发展。若每件事存在于同一个地方,就不会有特殊性。只有空间才使特殊成为可能,然后在时间中展开”。在现实世界中,分子结构、人体结构、地理环境、宇宙结构等都与空间位置有关。以人类社会的生产和生活为中心,空间尺度为城域、区域、国家和全球尺度上的空间信息可以称为地理信息。地理信息具有宏观性、综合性、区域性、层次性、分布性和动态性等方面的特点,地理信息在科学研究、经济建设、社会发展和日常生活等方面具有广泛的应用。

地理信息首先是宏观定位的依据,这是地理信息最基本的功能。在科研方面,地球科学的许多分支学科进行科研所需要的数据和信息都具有地理空间特点,利用地理信息系统所提供的空间数据管理和空间分析功能并结合专业知识可以大大提高工作效率,提高科研水平。通过传统非空间信息的空间化,恢复客观事物的本来面目,可以加深对客观事物的认识,揭示其发展变化的空间规律。据统计,80% ~85%以上的政府职能部门所涉及的信息都具有地理空间属性,地理信息的采集、存储、分析和利用将直接提高政府部门的办公效率,降低劳动强度,使政府职能部门摆脱繁重的事务处理工作,而将重点放在决策制定和长远规划上来,更好地为社会服务。一方面,人类社会的发展进入信息时代,物质生活的改善,教育水平的提高,环境意识也随之增强,个人和社会对地理环境信息的要求也会大大增强。另一方面,通信条件的提高引起生产和生活方式由集中走向分散,个人和社会都对提供空间信息服务的政府部门与公司企业提出了更高的要求。

5.3.2.2 集成视角下的地理信息系统

一个 GIS 系统它不是静止不变的,而是一个具有生命周期的动态发展的系统。随着人们对地理客体与地理现象的认识和表达能力的增强,计算机技术、软件技术和网络技术的发展,GIS 系统也在不断地演化。利用新的技术和方法,可使其变得能力更强,功能愈加丰富。从某种意义上讲,这些都得益于 GIS 的集成——微观集成和宏观集成。

GIS 微观集成是指通过对 GIS 系统本身的分析,从 GIS 系统组成部分的局部入手,对 GIS 系统中某一个局部细节或关键点进行深入研究,引入其他领域中的成功经验对 GIS 系统局部进行新的改造,从而使整个系统更加完善。如空间数据和属性数据的集成就是从微观角度来探讨 GIS 集成的。GIS 宏观集成从 GIS 系统组成的角度,探讨每一部分在整个系统中所占的位置、作用等,并研究如何利用已有的和先进的技术对该部分进行新的集成。如多源数据集成、应用平台集成等都属于 GIS 的宏观集成。

正是由于微观和宏观集成,使得 GIS 系统不断重复利用已有成熟的和先进的技术及方法,完善 GIS 系统,推动 GIS 系统本身的发展。微观视角下的 GIS 集成,主要针对组成 GIS 系统的每一部分进行深入研究,找出该组成部分可拆分的细节,利用现有技术对其进行改造,从而使该组成部分开放性更强。宏观视角下的 GIS 集成,主要考虑 GIS 系统如何和其他系统进行交互、GIS 系统本身如何进行部署等。

5.3.2.3 地理信息系统集成的发展趋势

地理信息系统集成的发展过程实际上在某种程度上代表了地理信息系统发展的历程,地理信息系统的集成经历了以下四个阶段:

第一个阶段是地理信息系统的软件集成。在这个时期,由于地理信息系统平台软件功能薄弱,它所提供的功能还远远不能满足应用的需要。因此,对于地理信息系统应用来讲,还必须从底层实施,以此辅助地理信息系统平台软件实现应用的要求。

第二个阶段是地理信息系统与其他过程模型的集成。随着 GIS 技术的发展和应用领域的扩大,GIS 的简单分析功能已远远不能满足需要,尽管大多数 GIS 软件能通过宏语言或内部函数提供统计分析等基本的分析手段,然而地学工作者及其他 GIS 使用者往往需要功能更为复杂、更强大的应用分析模型(包括数学模型、环境模拟模型等)。这个时期的 GIS 集成主要以实现 GIS 与其他模型的集成为目标。

第三个阶段是基于组件技术的地理信息系统集成。组件技术的出现,使得软件产业的形式发生了较大的变化。大量组件生产商涌现出来,并推出各具特色的组件产品;软件集成商则利用适当的组件快速生产出用户需要的某些应用系统;大而全的通用产品将逐步减少;很多相对较为专业,但用途广泛的软件,如 GIS 等,都将以组件的形式组装和扩散到一般的软件产品中。

第四个阶段是融于 IT 主流的 GIS 共享平台集成。在这一阶段,GIS 越来越多地融于 IT 主流,其集成在技术和方法上逐步与其他信息系统的集成相一致,它代表了 GIS 集成的最高级形式。

5.3.3 MIS/GIS 集成的意义

世界正在以前所未有的惊人速度向信息化迈进,信息化为我们的工作和生活带来了诸多便捷,然而信息的无度膨胀让我们往往只有招架之功。我们需要一种超越空间制约的平台——地理信息应用系统共享集成平台,来最终解决我们所面临的问题。

一直以来,我们在自己或大或小的“自留地”周围扎上了十分坚固的“篱笆”,这“篱笆”在一定程度上保护了我们自身局部的利益,但同时也极大地约束了我们向更广阔的天地扩展。许多机构和各级政府部门都先后建立起自己的 MIS 或 OA(办公自动化)系统,随着 GIS 技术的发展,又逐步建立了各自的 GIS 系统。但在各个机构或部门内部,自己的 MIS、OA 与 GIS 系统大多是相互独立、互不交融的,尽管业务上需要图文一体化——实现 MIS、OA 与 GIS 的集成,但由于人们的意识、技术成熟度等问题的存在,尚未有效地实现上述系统的无缝集成。而且,尽管有些机构或部门间具有一定的业务往来或应用关联,急需实现部门间系统数据或应用的共享。但是,它们各自已经建立的这些系统,多数还停留在“部门”一级。他们都有自己的信息中心,由于体制和管理上的原因,这些信息中心往往不是一个外向的信息集散地,而是一个内向的信息“黑洞”,是一个“信息孤岛”,因此浪费掉了大量财力、人力和时间。由于政策、体制和认识的不足,再加上技术的发展水平所限,“信息孤岛”随处可见。所以,我们急需一种接近完善、标准的地理信息应用系统共享集成平台,保证信息在相对松散分布的同时又能在有机整合的环境中共享,帮助我们拆除“篱笆”,消除“孤岛”。

当然,这种共享集成平台的构建,总要经历从无到有,从薄弱到强大,从小范围到大范围的过渡过程,这需要所有的 GIS 同仁加入到这个不断探索、实践、总结、应用的过程中来。

MIS 和 GIS 具有许多共同的特性。首先它们都是信息系统,共同拥有信息元素和系统元素,信息系统的主要目标是收集信息、存储信息、生产新信息和提供信息服务。其次 GIS 也和 MIS 一样含有管理元素。之所以称为 GIS,仅仅因为它的处理对象以地理信息为主。地理信息是国民经济建设的重要信息。从战略上看,许多地理信息都属机密或绝密信息。例如,国防工程、军事力量的空间布局信息,战时军事活动的空间流动信息等属于地理信息,都是保密程度很高的信息。这类信息需要管理元素的支持。其他一些地理信息,例如土地变迁、土质变化、物体空间过程演化、城市体系演化、城市内部结构演化、环境质量变化等动态地理信息是有关可持续发展分析的重要依据,空间位置信息更是各类信息定位的基础,这些信息也都需要管理元素的支持。最后,MIS 和 GIS 都是集信息学、计算机科学、传播学(传播理论和通信技术)、管理学、逻辑学等学科为一体,为某一学科服务的综合学科和综合技术。还可以列出一些两者共同拥有的特征,如 MIS 也要以空间数据为基础进行信息分析和定位等。

两类系统服务对象不同,各自形成相对独立的信息产业或产业群,因此有它们各自的特性:

第一,数据库中的主要数据侧重面各异,可以说 MIS 以非空间数据为主要存储和处理对象,空间数据为辅助对象;GIS 则以空间数据为主要对象,非空间数据为辅助对象。

第二,服务对象方面,MIS 产生的信息既为各级决策机构服务又为广大民众服务,民众直接应用或操作频率很高;而 GIS 产生的信息,在目前情况下,主要服务于决策机构,广大民众接受的服务较少,直接运用和操作 GIS 的频率较低。

第三,对网络的要求不同。MIS 面向广大民众,网络性能和覆盖面要求高,尤其是网络覆盖面,几乎延伸到城市的各个部位,如 ATM、POS 联机网络系统,分布密度越大,民众的金融活动越便利。GIS 目前还没有这种系统,即使建立,其覆盖面也不必像 MIS 要求的那么广泛。但随着社会不断进步和信息时代的发展,某些面向民众服务的 GIS 系统,如气象、旅游、交通等服务性 GIS 走上街头,民众可以在大型公共活动场所随意查询当地或异地动态信息,网络覆盖面也会越来越大,GIS 面向公众服务的程度也会不断增加。

第四,某些系统功能侧重点不同。正因为两类系统数据侧重面的差异和某些功能不同,才形成了两类系统。

一个信息系统要被广大用户采用,它必须实用、方便,能解决用户的问题,而且价格要适中。如果建成包罗万象的"全功能"系统,一是造价高,二是维护不易,三是许多功能利用率低造成浪费。还不如按人们习惯的方式,首先建立以一种专门学科为基础的信息系统,然后集成在一起,互补互助形成既能独立完成任务,又能方便协同工作的多用途系统。

MIS 与 GIS 集成可以相互取长补短,完成各自的信息服务任务。以地理数据为基础进行某些信息服务时,需要经济、社会数据和某些系统功能;反之,MIS 进行信息服务时也需要空间数据做条件以及 GIS 所具备的空间处理功能。二者集成将扩大信息处理与服务范围,提高信息质量和信息服务水平。

5.4　GPS/GIS/MIS 在电力系统中的应用

现代电力 GIS 是一套针对电力等动态行业的基础平台系统，是传统的地理信息系统（GIS）和企业资源计划（ERP）系统的结合和延伸。AM/FM/GIS 和相应的文档管理系统是这个平台系统的基础层，是整个平台的依托；其上是电网运行与管理系统，如输电管理系统、配电管理系统、可靠性管理系统、安全监察系统、线损分析系统等，保证生产系统得到有效的运行、管理和维护；企业资源规划与决策在顶层，典型应用是财务管理、人力资源管理、资产管理和电力用户信息管理。由此可以看出，能否成功地将 AM/FM/GIS 系统建设好，并与其他管理系统进行集成，是电力 GIS 系统建设的关键。

地理信息系统已在我国电力部门管理信息系统中得到了较广泛的应用，但对于电力 GIS 系统的定位、功能，因为各个企业的实际情况和具体的应用目的不同，没有一个统一的标准。并且，由于各个厂家技术水平的强弱不同，在开发水平上差别很大。

5.4.1　一般电力 GIS 系统

GIS 具有良好的开发性和可扩展性，可融合电力企业内已有的 SCADA、MIS、用电管理等信息系统，并利用 GIS 自身的强大功能和丰富直观的表达形式，及时、全面、准确地获取电力企业的各种资源信息，并加以提炼、分析，为电力企业的管理者和决策者提供辅助决策的依据，从而保障电力网络安全、高效地运作，以及为更多用户提供更加完善周到的服务。具体的说，一个比较完善的电力 GIS 建成后，可以完成以下几方面的功能：

（1）图形显示。系统能将各电压等级的输配电线路图、线路上的各种设备图、变配电站图、开关站图以及基础地形图进行分层综合显示，可做到图形的无级缩放、图形平滑漫游等。

（2）空间查询。可对输配电 GIS 系统中的图形信息和属性信息（数据库信息）进行灵活多样的双向空间查询，可通过图形信息查询台账信息，也可通过属性信息查询图形信息，还可以灵活交叉使用图形查数据和数据查图形的方法进行繁杂要求的空间查询与检索。

（3）空间统计。对输配电网络中的各种信息进行多种方式的空间统计。如：可按线路对线路上各种设备、容量、负荷等进行统计，还可按行政区、开发区等区域对设备、容量、负荷等进行统计。

（4）打印输出。可输出选定线路图、施工图以及各类报表等。

（5）GPS 电子工作手册。可利用 GIS 开发出功能丰富的 GPS 电子工作手册，集文档、数据和 GIS 图形、图片于一体，为用户提供功能完善和丰富多彩的电子资料。

此外，电力 GIS 系统还可为调度人员提供操作规程、注意事项、设备信息查询，为维护人员提供设备的位置、技术参数、标准、检修规程等的管理和查询；还可以完成电网的模拟操作、转供电分析、供电可靠性分析、停电管理、运行维护、用户报修投诉、用户报装管理、用户管理、系统编辑维护、实时 SCADA 接口、GPS 抢修、提交电网信息等。

5.4.2 输变电管理

在电力系统中，输、变、配电系统功能有很多相似之处。电力 GIS 除上面所描述的基本功能外，还可以利用 GIS 软件开发出如下应用。

5.4.2.1 线路设计

在进行线路设计时，可根据供电范围及其他要求，利用地形数据、水系数据、道路信息等进行叠加分析，筛选出符合条件的变电站的站址、变压器位置以及高压电塔位等，为设计人员提供辅助决策的依据。

5.4.2.2 线路操作及空间分析

在模拟方式和在线方式两种状态下，对输配电线路进行多种操作及空间分析。

1. 开关、闸刀、熔丝操作及停电范围分析

系统能对各电压等级线路上的任意开关、闸刀、熔丝进行拉开和闭合的操作，并实时显示运行方式改变后电网中线路和设备供停电状态，进行供停电范围的分析。

2. 供电电源分析

在电网图上任意选取一条线路，通过网络拓扑追踪功能，自动追踪到该条线路的供电电源点，如变电站的某条出线或某个区域的供电电源点。

3. 配变供电范围分析

在电网图上选中某个配变，系统自动将该配变的供电范围进行显示，并列出该配变所带来的全部用户信息。

4. 线路阻抗分析

系统能对系统电网中的各种线路进行线路阻抗的自动计算，并进行线路阻抗的查询和分析工作。

5. 限电/停电通知管理

系统能自动根据选中的变配电站、开关站的某一条出线或线路上某一段线进行限电通知单或停电通知单的自动生成和自动打印。

5.4.3 配电管理

结合信息可视化技术，采用生动直观的方法，结合各种空间信息，组织、分析和显示配电网络各项数据，实现配网信息的地图化、运行数据的可视化，促进配网管理的科学化。

由于配电网包括众多地理位置各异的设备、网络、用户等，使得配电网 GIS 研究成为电力 GIS 研究的重点。在配电网运行方面，其综合信息系统可以管理变压器的负荷以及在事故中负荷的转移；随着监视控制和数据采集（Supervisory Control And Data Acquisition，SCADA）技术在 DMS 中的广泛应用，如何合理结合 GIS 与 SCADA 为配电网管理服务也成为许多学者研究的重点。在配电网规划方面将 GIS 及人工智能（Artificial Intelligence，AI）方法引入到配电网规划问题的研究之中，结合 GIS 空间及网络分析的拓扑特性和 AI 方法的鲁棒性及高效性等优点，采用 GIS 技术帮助分析决策，综合运用 GIS 和算法来实现配电网优化规划。应用基于 GIS 的城市电网规划计算机辅助决策系统来优化城市电网规划，解决城市电网规模大、不确定和不精确因素多以及涉及领域广等问题。GIS 具

有的较强的空间数据分析和关联分析功能正是 DMS 系统所需要的。其空间信息分析功能可大致分为空间信息处理、空间信息分析、数值地形分析和网络分析等。

5.4.3.1　**配电网络的设计**

系统提供专门的设计图层,在设计图层上,设计人员可以利用本系统提供的面向对象的建模方法,进行配电线路、各种配电设施的设计和规划工作。

5.4.3.2　**线路负荷统计与预测**

系统能快速地统计出任意的指定区域、指定时间段的平均负荷或最高负荷。也可以选择配电网的任意一个节点,由系统计算出该节点以下的负荷水平,并且按负荷的增长进行负荷预测。

5.4.3.3　**变配电站、开关站操作及空间分析**

对电网中各变配电站、开关站内接线图上各种设备进行多种操作和空间分析,并提供模拟操作和在线操作两种运行方式。

5.4.3.4　**站内刀闸操作及空间分析**

可对站内任意开关、闸刀、分断自切等设备进行拉开和闭合操作,并显示操作后站内各种线路和设备的带电状态,同时可进行站内操作引起的电网供停电范围的分析。

5.4.3.5　**遥测信号对站内设备实时变位**

系统与 SCADA 系统联网后,利用接收到的遥测信号对变、配电站内的开关等设备进行自动变位,并根据变位后的运行状态对电网自动进行供停电范围的分析。

5.4.3.6　**最优化停电隔离点决策**

当接收到故障停电报警信号或某个设备及某条线路要检修时,可利用 GIS 决策模型,自动决策出最佳停电范围及最优化停电隔离点,为抢修操作提供依据,并提供最优的安全供电可靠性指标。

5.4.3.7　**配电潮流分析**

系统根据配电月中实时负荷的采集情况,对开环配电网和闭环配电网进行配电网的实时潮流分析,为平衡网络负荷和网络重构等高级应用提供科学依据。

5.4.3.8　**负荷转移决策**

当故障停电或检修停电时,都要将部分负荷转移到其他变配电站或本站的其他出线上,系统可以根据电网的拓扑结构,判断出切合的开关,提供调度人员或抢修人员最优化的负荷转移方案。

5.4.3.9　**供电可靠性分析**

电力部规定了供电可靠性指标必须大于 99.97%,在系统中可进行供电可靠率、用户平均停电时间、用户平均停电次数等方面的可靠性分析,在系统中各相关模块运行时都与供电可靠性分析紧密结合,为科学制定各种方案服务。

5.4.3.10　**停电管理**

1. 计划停电

在制定停电计划时进行供电可靠性分析,在执行计划停电时进行最佳停电隔离点决策和负荷转移决策,并对制定计划、执行计划和恢复供电的流程进行管理,为停电管理提供科学依据。

2. 故障停电

在自动收到 SCADA 故障停电信息或在图上选取故障停电位置后，系统进行最佳停电隔离点决策和负荷转移决策，并将发生故障到恢复供电的整个流程信息记载在故障停电表中，作为供电可靠性分析的依据。

5.4.3.11 **运行维护**

1. 巡视

能利用 GIS 电网图完成设备巡视、缺陷标注等工作，并采用自动和交互两种方式制定巡视计划。

2. 检测

可在 GIS 电网图上完成负荷测量、接地测量、交跨测量等信息的录入和管理。

3. 用户电话报警辅助决策

在系统中建立了用户电话报警的知识库和模型库，当在一个区域内收到两个以上报警电话后，系统自动判断出配变故障或某类线路故障，并能实时显示报警位置，帮助抢修人员排除故障。

4. 利用 GPS 跟踪定位

通过 GPS 全球定位系统，对抢修车辆进行实时监控或回放被记载的任一车辆的行动轨迹、速度、状态等信息。当接到报警通知后，能够根据抢修车上的 GPS 精确定位抢修车所在位置，并在指挥中心地图上进行显示，立即制定抢修方案，及时排除故障。

5. 用户报装辅助决策

在系统中建立了用户报装的知识库和模型库，当接收到营业系统用户报装信息后，系统根据路径追踪模型和负荷平衡模型，自动决策出新用户可接的最近的配变或杆木，并自动寻找最优布线路径(或通过交互操作)，同时给出工程概算信息。

6. 负荷信息分析

能与各种负荷控制系统联网，在 GIS 网上直观显示各负荷控制点分布，查询和分析各负荷控制点的负荷信息，查询负荷控制设备台账和负荷控制用户档案，并能对异常情况进行分析。

7. 配网设计

根据设计规程，在 GIS 图上输入线路类型、起始点等边界条件后，系统进行自动布线，并生成线路纵横面图等，完成配电辅助设计工作。

8. 最短路径分析

在巡视和工程抢修中都要进行最短路径(或最短时间)的分析，系统提供了巡视或抢修车辆一点到多点和多点到一点的最优化路径分析，在图形显示同时还能给出调度路径表。

9. 分段线损自动检测

用现代化的手段实现线损实时监测，从技术上捕捉偷电现象。在高压线路上分段安装无线扩频高压计量终端，将线路分成多段，分段计量，在用户端高压侧或低压侧安装无线计量终端。将同一时间段的电量进行折算比较，从而确定每一段线路上实时线损数据，从而加强该段线路的管理力度，线损超限的分段将在地理图中显示出来，供工作人员查看并进行相应的检查。

5.4.4 用户服务支持

GIS 软件还可以与其他的系统如语音系统、呼叫管理系统等配合,开发出以下几种功能完善的用户服务支持系统:

(1)客户投诉支持,包括客户投诉或建议、行业的特色投诉、服务质量投诉、对企业的建议及其他投诉。

(2)接入功能。通过各种交流渠道建立客户服务中心和客户的交互,将客户接入客户服务系统中,使系统能够为客户提供服务。

(3)护航浏览、排队及路由处理、呼叫转移、录放音服务、传真服务、坐席管理。

(4)用户电话语音查询处理。

(5)业务咨询。

(6)停电通知。

(7)有偿信息服务,如客户委托调查、语音/传真信箱、电话秘书、商家广告。

电力 GIS 建成后,可以及时、全面、准确地获取电力企业的各种资源信息,并加以提炼、分析,为电力企业的管理者和决策者提供辅助决策支持。同时,它也能够保障电力网络高效、安全地运作,为更多用户提供更加完善周到的服务。

地理信息系统在应用方面远超出我们的想象,GIS 在电力企业管理中的应用还不只这些,随着 GIS 研发人员的开发,其功能将会不断地得到完善。相信今后,地理系统信息的应用将深入到电力行业的各个角落。

参考文献

[1] 王涛. GIS/GPS/GPRS 在电力线路管理系统中的应用研究[D]. 重庆:重庆大学,2007.

[2] 黄健. 基于 3S 技术应用平台开发研究[D]. 西安:西安科技大学,2004.

[3] 刘焕. 基于组件式 GIS 技术的电力运行动态管理系统研究[D]. 大庆:大庆石油学院,2007.

[4] 杜道生,陈军,李征航. RS、GIS、GPS 的集成与应用[M]. 北京:测绘出版社,1995.

[5] 张超,陈丙咸. 地理信息系统[M]. 北京:高等教育出版社,1995.

[6] 梁荣昱. GPS 与 GIS 集成应用研究[D]. 重庆:重庆大学,2001.

[7] 李德仁. 基于 GPS 与 GIS 集成的车辆导航系统设计与实现[J]. 武汉测绘科技大学学报,2000,25(3).

[8] 林朝飞. GPS 与 GIS 在车载导航监控系统中的研究与应用[D]. 成都:电子科技大学,2007.

[9] 李德仁. 论 RS、GPS 与 GIS 集成的定义、理论与关键技术[J]. 遥感学报,1997(1).

[10] 张黎. 基于 GPS 与 GIS 集成的湿地信息系统研究[D]. 大连:大连理工大学,2006.

第 6 章　线路巡检 GIS 工程的分析、设计与实施

6.1　输电线路巡检 GIS 开发策略

基于 GIS 的电力配网巡检系统的设计概念是变革传统巡检工作方式,解决巡检管理和缺陷管理工作中存在的问题,提高工作效率。系统的基本设计思想是建立一个基于地理信息技术的电力设备信息平台,利用移动终端技术将信息带到外业现场,以规范化的手段、信息化的技术加速现场信息的采集,并建立标准化的设备缺陷库,作为设备状态监测的依据。系统为巡检人员提供巡检任务查询、标准化的巡检结果和缺陷情况录入、设备信息查询等功能,同时结合技术提供设备定位导航、巡检到位监督等功能。基于 GIS 的电力配网巡检系统是一套适合电力配网巡检工作,实现线路设备管理、巡检现场管理、检修消缺管理、人员管理等功能的具有实用意义的应用系统。

6.1.1　系统设计依据

在输电线路运行检修管理系统研发中,主要依据以下标准和规程。

DL/T 741—2001:架空送电线路运行规程;

DL/T 601—1996:架空绝缘配电线路设计技术规程;

DL 409—1991:电力安全工作规程(电力线路部分);

SDJ 3—79:架空送电线路设计技术规程;

SDJ 206—87:架空配电线路设计技术规程;

GTB 856:软件工程国家标准。

6.1.2　系统设计原则

系统的开发遵循以下几点原则:

先进性——系统基于先进的硬件构架和软件平台,创造性地集成了当今计算机、网络通信和嵌入式技术的最新成果,最大限度地保证了系统的整体先进性。

可靠性——系统硬件均选用成熟、稳定的产品,经过严格测试,能满足恶劣工作环境下长时间可靠运行的要求。在系统软件设计中充分考虑了信息安全、用户接口管理等相关技术,进一步保证了系统具有超强容错性和长期稳定性。

开放性——系统基于开放式的系统结构和标准化的设计模式,系统的网络协议、数据库操作、产品的集成和开发工具都遵循业界主流标准,确保了与现有管理信息系统和其他电力自动化系统的平滑过渡和无缝连接,充分体现了系统全面的开放性。

扩展性——系统硬件组合方式多样,功能配置灵活,具有强大的组态功能模块化和层

次化的软件设计模式,使系统可方便地进行升级和向外部扩展,不断满足各类用户的需求。

易用性——系统基于人性化的图形操作界面,简洁、友好、直观,用户易学易用。

6.2 输电线路巡检 GIS 开发技术

6.2.1 GIS 技术与 GE Smallworld

6.2.1.1 GIS

GIS 地理信息系统是为获取、存储、检索、分析和显示空间定位数据而建立的数字化的计算机数据库管理系统。GIS 利用现代化计算机图形和数据库技术来输入、存储、编辑、查询、分析、显示和输出地理图形及其属性数据,是集地理学、几何学、计算机科学及各类应用对象为一体的综合性高科技。由于 GIS 具有上述的特点,不但可以广泛应用于国土资源调查、环境评估等方面,更可以深入到区域规划、公共设施管理、能源、电力、电信等与国民经济相关的重要部门。随着 GIS 技术的不断发展和完善,GIS 已深入到日常生活的方方面面。电力配网系统从变电站、供电线路架空线、电缆、配电所直到千家万户电度表,大量各种各样、不同规范的电气设施分布在广阔的地域和空间。面对纵横交织的电网分布、日益复杂的电力设施、时刻变化的电网信息、不断变迁的城市道路与建筑,尤其是电网中许多与空间位置有关的数据,如何在需要的时候迅速准确地提供完整的信息,也就是如何将各种图形、地图、数据属性信息统一管理并达到共享,所有这些问题的解决都依赖于 GIS。在电力系统中,配电线路系统的运行,巡检管理工作的定位,电力设施的管理、运行和维护,计划检修、故障管理、报装管理、停电管理、电网规划、用电变更、电力营销等,都少不了地理信息。因此,电力 GIS 是电力系统,特别是配电管理系统的重要工作环境和基础。GIS 为供电企业的现代化管理提供了新的途径和手段。

目前,国内外已经将其应用到电力系统的各个领域,如配电管理、输电管理、电力设施管理、停电管理、用电营业管理,等等。所采用的 GIS 平台软件有 ARC/INFO、MapInfo、MGE、GENAMP、GE Smallworld 等。近几年来,国内有关软件开发商推出数量不少的自主版权的 GIS 平台,如武汉测绘科技大学的 GeoStar、中国地质大学的 MapGIS 等。但一般它们所涉及的应用范围较小,主要集中于城市建设地理信息系统、GPS 和遥感等几个领域。从软件功能、性能和稳定性来看,国内 GIS 软件还有一段较长的路要走。有关地理信息的应用也往往是某一企业级信息系统的一部分,单一的 GIS 比较少见,问题集中在如何与其他系统进行无缝的集成。另外,即使在商业领域里,由开发商开发出完全通用的软件也是不实际的。通用 GIS 平台一般提供良好的二次开发环境,以提供用户或第三方开发商进行软件定制或是二次开发。这为基于 GIS 平台的配网巡检系统提供了一个很好的技术平台。本书中该系统采用了 GE Smallworld 为开发平台,Magik 为开发语言,Oracle 为外部数据库的开发方案。

6.2.1.2 GE Smallworld

GE Smallworld 是一家提供空间资源计划管理软件和解决方案的公司。它成立于

1988 年，总部设在英国的剑桥。2000 年 8 月，Smallworld 公司被 GE 公司全资收购，改称为 GE Smallworld。随着 GE Smallworld 4.0 的发布，GE Smallworld 将推出一系列新的软件，保持 GE Smallworld 的技术优势。GE Smallworld 所开发和推广的软件产品真实塑造了现实世界的资源与服务，支持和完善那些需要空间信息的产品或系统，比如，客户服务、市场分析、网络管理和作业管理系统等，使企业可以直观而准确地了解他们的客户和资源的分布以及这些客户和资源之间的相互关系与连接，向他们提供企业间完美的信息系统集成。GE Smallworld 以电力、电信等管网系统空间信息应用需求为背景，充分吸收了地理学专业的精华，摒弃了传统的沉重历史包袱，以面向对象（Object-Oriented）技术为基础，采用了开放式的体系结构、分布式数据库管理系统和组件对象模型等计算机技术的最新成果，其性能在电力、电信信息化管理方面遥遥领先于其他 GIS 软件。GE Smallworld 平台在本系统中的应用得益于其在以下几个方面具备的独到的优势。

1. 面向对象技术

面向对象方法为人们在计算机上直接描述物理世界提供了一条适合于人类思维模式的方法，面向对象的技术在 GIS 中的应用，即面向对象的 GIS，已成为 GIS 的发展方向。这是因为空间信息较之传统数据库处理的一维信息更为复杂、琐碎，面向对象的方法为描述复杂的空间信息提供了一条直观、结构清晰、组织有序的方法，因而倍受重视。面向对象的 GIS 较之传统 GIS 有下列优点：

- 所有的地物以对象形式封装，而不是以复杂的关系形式存储，使系统组织结构良好、清晰；
- 以对象为基础，消除了分层的概念；
- 面向对象的分类结构和组装结构使 GIS 可以直接定义与处理复杂的地物类型；
- 根据面向对象后编译的思想，用户可以在现有抽象数据类型和空间操作箱上定义自己所需的数据类型与空间操作方法，增强系统的开发性和可扩充性；
- 基于按键的面向对象的用户界面，便于用户操作和使用。

配电网线路上的设备作为一个个对象而存在，例如，电杆可以抽象为点对象来建模，架空线、电缆之类的线路设备抽象为线对象，而变电站、开关站等厂站设备是各种电气设备的组合管理单位，因为占有一定的面积，可以作为面对象建模。每个对象都有其要管理的属性，如电杆的长度、杆质等，这些通过每个对象的属性表管理。配电网络中设备不是独立存在的，而是通过各种关系连接成网络。面向对象的技术根据各种电气设备之间的连接状态来抽象二者的关系。这些关系主要包括关联关系和几何拓扑关系，例如，杆塔与架空线、线路开关、杆上变压器等设备有关联关系，与线路附属设备横担、拉盘、拉棒等也有关联关系。有关联关系的设备并不具有电气连通性，具有几何拓扑关系的设备具有电气连通性，如架空线与线路开关具有几何拓扑关系。当建立了电力对象及其属性与其他电力对象的关系后，设备的管理需要通过各种具体的方法或触发器来实现。

GE Smallworld 支持面向对象的全关系数据建模，能全面正确地建立对象一般属性、空间属性、实体关系以及对象的空间拓扑关系。其建模工具（CaseTool）提供了基于知识库、规则库的技术。它的内置拓扑关系规则的设定完全参照现实世界实体之间的关系，是现实对象的真实反映；支持对象层次的空间拓扑分析，为 GIS 高级应用提供了强大的技术支撑。这一点也确保了其在网络分析上具备了无可比拟的优势，在管线类如电力系统等应用中可充分发挥其优势。

2. 版本管理技术及长事务处理

GE Smallworld 提供基于数据库级的版本管理技术，允许数据的多版本同时存在，工作在不同版本中的用户被相互隔离开来，有效保障了长事务处理的能力。对比传统 GIS 系统的数据抽取和数据提交技术，GE Smallworld 的版本管理技术是一种高效的技术。各个版本只存储数据库的修改，同时又可见全局的数据，无须数据抽取和数据提交的复杂操作，能自动检测和处理版本间数据修改冲突，提高了数据库的性能，也保证了数据库的一致性和完整性。GE Smallworld 集成空间数据和其他数据，在数据存储方面，并不是将普通数据和特殊数据(如图形等)分开存储，而是将所有数据(包括字符数字属性、栅格数据和矢量数据)存储在一个连续的数据库中，因此能对数据库进行无缝、开放的访问，术语"GIS 数据库"描述的是应用系统的全部逻辑数据库，与所访问的数据源类型及物理位置无关。GE Smallworld 产品利用 VMDS(版本管理数据仓库)工具来管理数据库中的数据。VMDS 工具使每个用户都可以查看整个数据库。数据的所有变更随每个用户的改动而记录下来，从而当其他用户独立更新时，每个用户都可看到一个稳定的数据状态。对于存储在外部的单独 DBMS 或其他文件中的外部数据，有两种访问方式：通过 GE Smallworld 数据分区访问或作为一个独立的外部数据集来访问。

3. 无缝的数据集成技术

GE Smallworld GIS 摒弃了传统的 GIS 平台所采用的分层结构组织图形数据，图形和属性数据分别存储，而是采用了面向对象技术建立起反映现实世界的数据库模型。对象就是包含属性和图形数据的整体，所有的空间数据和非空间数据都存储在同一个关系数据库中，保证了空间数据和非空间数据的一致性、完整性。GE Smallworld 数据分区还通过独立的 DBMS 访问非空间数据。非空间数据可作为外部数据库与 GE Smallworld 数据分区的数据模型完全集成在一起。这些数据也可脱离 GE Smallworld 系统作为常规数据库使用，因而它具有为 GIS 提供数据并通过 GIS 外部接口获取数据的双重功能。每个独立的数据集是由其自身的空间对象管理器(SOM)来管理的，而 SOM 则由空间对象控制器(SOC)进行控制。SOC 的任务是集成来自不同数据源的数据，并将其作为一个一致的、完整的 GIS 数据库透明地提交给用户。

4. 可伸缩性的 GIS 平台

GE Smallworld GIS 良好的可伸缩性能保证了应用系统数据的高可用性，支持将来更多的应用功能需求，而且不会降低系统的处理速度。

5. 层体系结构设计

多层的体系结构，使得 GE Smallworld GIS 同时支持服务器 Client/Service 模式和 Internet模式。GE Smallworld Web 服务器使得 GIS 数据可以无缝地在其上发布，同时支持多个 WebServer 协同工作，系统自动进行负荷平衡，确保系统具有最佳的响应速度。

6. 分布式数据库体系结构

通过分布式数据库体系的支持，WAN 远端客户都可以得到快速的等同于本地 LAN 客户的响应速度。

7. 大的系统集成特性

GE Smallworld 提供了丰富的基于国际流行标准的接口系统,可以与其他应用系统进行双向的数据互访、转换。

6.2.2 嵌入式 GIS 技术

嵌入式 GIS 是新一代地理信息技术发展的代表方向之一。所谓嵌入式 GIS 是指运行于嵌入式计算机系统中的地理信息技术,嵌入式 GIS 的硬件系统可以是 PDA 掌上电脑、手机、机顶盒等。嵌入式 GIS 软件基本都提供了 GIS 的简单功能,如图形的组织浏览、信息查询测量、简单图形编辑等。同时,在这些嵌入式 GIS 上附加一些外围设备,如 GPS,就可以实现相关的 GPS 功能,如启动/关闭 GPS 设备、快速显示 GPS 动态目标、运动轨迹回放、移动物体自导航、自动纠正 GPS 位置偏差等。

嵌入式 GIS 的发展已经成功地将 GIS 带到了户外,实现了"移动"。但是,这样的嵌入式 GIS 并不完善。不完善的原因在于,由于嵌入式硬件系统本身的限制(如存储空间十分有限、处理器的速度也不是十分理想等),不可能发展较为复杂的 GIS 空间分析功能。嵌入式 GIS 功能的进一步完善与空间数据的无线传输技术密切相关。空间数据无线传输技术可以有简单和复杂的两个层面。简单的空间数据无线传输技术指的是利用无线网络实时传送移动目标的空间信息,以及简单的文字信息;复杂的空间数据无线传输技术不仅仅指发送移动目标的空间信息,还包括了空间矢量数据的实时传输。空间数据无线传输技术在嵌入式 GIS 中的应用十分广泛。例如,GIS 追踪服务、移动目标的指挥调度、移动目标数据源的及时更新、嵌入式 GIS 分析功能的扩展等。

6.3 电力 GIS 工程建设

6.3.1 可行性分析

项目可行性研究是指在投资决策前通过详细的调查研究,对拟建项目的必要性、可实现性及对国防、经济和社会的有利性等方面所做的全面而系统的综合研究。目的就是帮助决策者做出正确的决策,减少或防止决策失误,从而提高项目的效益。

项目可行性研究是立项工作中一项重要的分析评价工作,它根据已经审核批准的项目建议书,对拟建项目的需求、技术指标、时间进度安排、经济、社会和外部协作条件的可行性和合理性进行深入调查研究与论证,作出项目是否可行的结论。并进行多个方案的分析比较,为项目的实施选择和推荐最佳的建设方案,保证这个项目建设和日后运作建立在经费、人力、物力等资源和管理水平、技术水平等条件可靠的基础上。

虽然可行性研究报告与项目建议书都是在项目实施之前提交给立项决策部门的审核文件,但是它们的作用是不同的。项目建议书侧重于解决项目投资的必要性,即寻找建设这个项目立项的依据问题;而可行性研究侧重于对项目的可行性进行论证,同时提供建设这个项目的可行性方案,以供有关部门决策。

可行性研究一般已经涵盖了项目立项的必要性分析、项目建设的可行性论证和最优方案建议等重要内容，但其中项目建设的可行性论证是信息化项目可行性研究的重点，而从电力需求、技术、经济、战术技术指标、风险等角度来分析工程建设的可行性是可行性研究的关键。其主要内容如下；

(1)全面深入地进行电力巡检需求和研制必要性分析。跟踪研究同类项目的国内外建设情况和作为项目成果的电力巡检系统应用情况，分析确定系统的目标用户和功能开发策略。

(2)对电力巡检系统要深入研究确定现有资源的可利用量、自然品质、传播条件和可开发利用的经济价值。

(3)深入研究系统的主要效能职能。明确电力巡检系统在电力行业信息化建设中的使命和应具备的必要技术性能；提出初步的技术方案设想，对关键设备提出初步技术要求；提出必须突破的关键技术、新技术和技术改进计划；初步的可行性、维修性、可测试性、安全性和综合保障分析；估计研制周期，确定初步研制计划，并绘制零级网络图；对项目扩容升级潜力进行分析。

(4)深入分析管理条件。考察国内外及电力行业巡检系统开发的背景环境、与委托单位的合作情况、项目内部的组织协作关系、单位的制度建设、项目的计划设置、领导的意识和工作能力等。

(5)深入进行项目建设方案设计。深入研究项目的建设规模和系统总体方案，通过比较、选择和优化，推荐适宜的建设规模和最佳总体方案；进行场地选择，确定机房、通信网络、服务器和客户终端的具体布置及安装场地、位置；进一步研究确定系统技术和主要设备方案，对方案进行比较，确定最佳技术方案和主要设备选型，并提出主要设备报价清单；确定项目构成，包括应用系统开发、机房与布线、设备安装与系统软硬件集成以及其他单项工程等；研究提出通信、供电、消防等方案。

(6)研究系统安全与信息安全措施，制定系统安全与信息安全方案。

(7)研究项目建设和未来系统运营的组织机构与人力资源配置，制定组织机构和人员配置方案，提出人数、技能素质要求和人员培训方案。

(8)制定项目进度计划，确定建设工期，编制项目计划进度表。

(9)对项目所需投资进行详细估算。所需费用主要包括：设备费用、开发费用、运行费用、人员培训费用以及未来维护、维修费用等。

(10)经济可行性分析。主要考虑项目建设所需的人、财、物等资源条件是否具备，对电力巡检系统实施的成本与效益、风险与收益进行大体的评估，判断项目在经济方面的可行性。

(11)深化项目的经济效益评价。包括项目建成后的直接经济效益，项目建成后对电力行业信息化建设的影响、工作效率提高情况以及对社会的作用等。

(12)深化风险分析。识别主要风险因素，分析风险影响程度，确定风险等级，研究防范和降低风险的对策措施。

(13)对上述可行性研究内容进行综合评价，概述推荐方案，提出优缺点，概述主要对比方案，作出项目可行性研究的结论，并提出项目下一步工作和实施中需要解决问题的建议。

这一阶段所讨论的问题应更加深入、更加具体化，而且对项目部署和使用保障问题也将予以尽可能充分的考虑，这也是科研项目管理的成功经验。

6.3.2 需求分析

电力配网巡检系统的设计目标是要把巡检的全过程，包括线路设备管理、巡查现场管理、巡查管理、检修消缺管理等功能都纳入计算机的管理、监控之下，与 GIS 系统有机结合，实现设备管理维护，数据采集、加工、处理，人员监管和数据分析之间的紧密结合，使之能达到规范管理、提高工作质量及效率，保证电网安全运行的目的。系统应具有后台管理功能、GIS 功能部分和手持移动终端，所以“基于 GPS/GIS 技术的输电线路运行检修管理系统建设”的开发应结合用户的以下需求：

(1)系统及其他管理系统的安全及作业的连续性。与用户原有的系统要能够很好地集成，可以在 GIS 平台基础上进行二次开发。在完全不影响电业局原有计算机系统的前提下，使业务发展的广度和深度在相对较短的时间内得到较系统的提升，从而更好地服务于供电所的业务运作。

(2)因为电力系统设备数量多，如为实现巡检管理而需要为每个设备另外增加监控设备，这样可能面临过大的投入，所以本系统应该是不需要对电力设备进行改造或者增加其他设备。可以采用移动终端与 GPS 定位技术相结合的方案，完成巡检工作路线安排、数据记录、工作状态监督、数据汇总报告等功能，与供电所现有信息系统无缝连接，提高整体工作效率和运行质量。

(3)对线路巡检数据的流转链上各个环节进行优化、实现各个岗位间信息的及时共享，满足日常业务需求，以提高效率，降低成本；使电力所巡检配运部门可以更有效地安排、监督巡检工作，及时发现设备缺陷并提交相关部门进行消缺。

(4)提供对巡检数据的有效管理，便于相关职能部门进行总结，为进一步的工作和决策提供良好参考和建议；使供电所的巡检工作完成“传统人工”到“移动信息”的过渡，实现电子化、信息化、智能化巡检，提高巡检的工作效率，有效降低漏检、错检的问题，更好地保证输变电设备高效率、低故障率安全运行。

(5)让管理人员能够实时掌握巡检工作的状况，加强巡检人员的监督管理，确切知道设备的准确地理位置，确保巡视能够顺利进行，对线路巡检工作进行更好的监控与管理。

6.3.3 总体设计

基于 GIS 的电力配网巡检系统设计是一项复杂的系统工程，必须在明确系统目标、用户需求和对此系统进行全面分析的基础上进行系统的设计，以确保系统的实用性和优良结构。系统利用 GIS 技术平台结合移动终端及 GPS 定位技术应用到电力配网管理工作中。

本系统是建立在 GIS 平台基础上的应用系统。通过面向对象的建模工具建立设备数据模型，并通过 GE Smallworld 进行设备数据的表达；在设备模型的基础上建立面向 10 kV 电力配电网巡检的业务逻辑；设备空间数据最终通过 GE Smallworld 的前台界面表达出来，并在此基础上叠加各配网巡检工作的应用功能。集成全球定位系统、掌上电脑和计算机网络通信技术，利用具备 GPS 技术的手持移动终端，对电力线路和设备进行定位与巡检，以保证线路和设备的巡视检修人员的工作能准确到位。基于 GIS 的电力配网巡检系统由手持移动终端和线路巡检管理主机组成。巡检人员在到达所需检查的地点后，将输电线路上各个巡视点的情况记录在手持移动终端中，同时用 GPS 记录当时的地理位置信息和当前时间信息。一次巡检结束，手持移动终端中的数据与线路巡检管理主机的数据进行同步。手持机终端的组合可以完满地达到方便快捷、数据精确的要求。这是由于使用了 GPS 定位技术能避免由于巡检人员责任心不强造成的巡检不到位、漏检等现象，而手持移动终端又可以方便地记录电力配网线路上各巡视点的情况。基于 GIS 的电力配网巡检系统组成如图 6-1、图 6-2 所示，功能模块如表 6-1 所示。

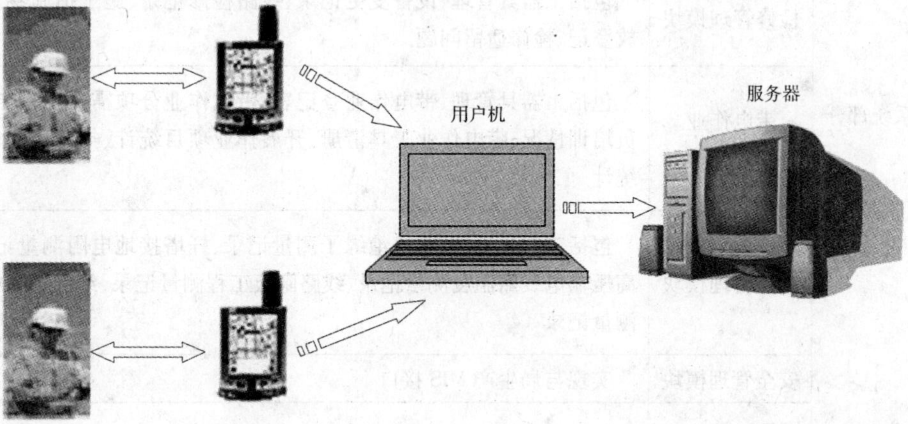

图 6-1　系统组成结构示意图

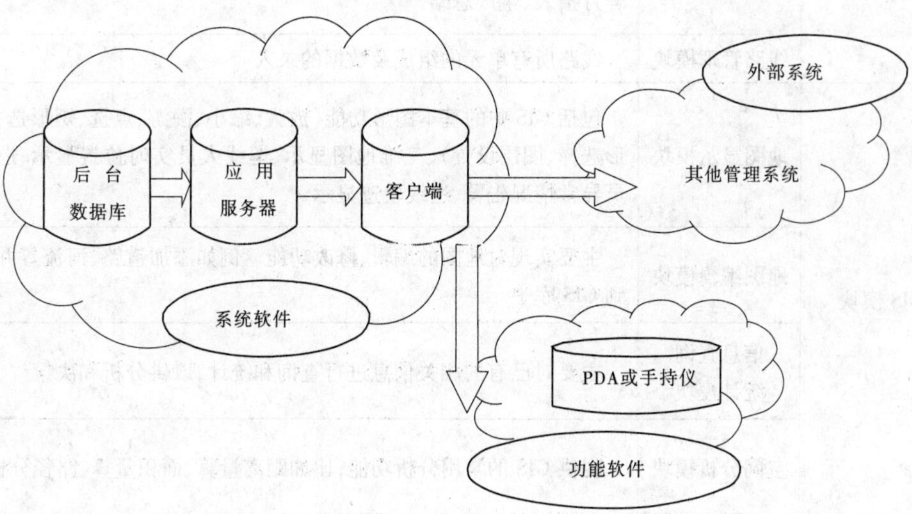

图 6-2　系统组成示意图

表 6-1　系统的功能模块

模块分类	子模块名称	说明
管理系统部分	系统维护模块	包括缺陷类别维护、数据下载、数据上传、杆塔坐标初始化、用户管理、原始数据采集转换模块
	运行管理模块	包括组件管理、线路管理、线路跨越、线路通道、线路 T 接杆、杆塔换号、线路断开、线路浏览和统计
	缺陷管理模块	包括缺陷录入、缺陷审核(一次审核、二次审核)、缺陷消除、缺陷统计、消缺统计、缺陷推后。实现与局生产 MIS 接口,将缺陷上传至局生产 MIS
	检修管理模块	包括工器具管理、设备变更记录、线路检修记录、施工措施签发发放登记、检修遗留问题
	带电作业管理模块	包括工器具管理、带电作业登记表、带电作业分项需用工具卡、人员培训情况、带电作业工具清册、开展作业项目统计、年度工作概况统计
	测试管理模块	包括工器具管理、零值绝缘子测量记录、杆塔接地电阻测量记录、高压输电线路温度测量记录、线路隐蔽工程测量记录、绝缘子盐密度测量记录
	安全管理模块	实现与局生产 MIS 接口
	生产管理模块	包括生产计划管理、生产任务管理(生产任务通知单、缺陷处理传票)、生产任务登记、巡线管理(巡视计划、巡视分析、巡视核查)、综合月报表、生产总结
	线路管理模块	线路所有单元的组成及数据的录入
GIS 模块	地图显示模块	包括 GIS 中的基本图形功能(放大、缩小、漫游、点选、矩形选择、圆形选择、图层设置)、三维地图显示、巡线人员实时位置显示、巡线人员异常情况告警、巡线轨迹显示
	地图编辑模块	主要实现对地图的编辑、修改功能。例如添加道路、河流等并保存到 GIS 库中
	信息查询统计模块	主要对已有的相关信息进行查询和统计,以供分析和决策
	空间分析模块	提供 GIS 的常用分析功能,比如距离量算、面积量算、路径分析等

续表 6-1

模块分类	子模块名称	说明
手持终端部分	地图显示模块	针对手持终端 PDA 的特点实现嵌入式 GIS 中的基本图形功能
	数据库模块	可以对野外作业的相关信息进行采集并保存到 PDA 的数据库中
	通信模块	主要实现手持终端和监控中心的通信，包括接收、发送消息，接收图片
	GPS 接收模块	主要实现对 GPS 的卫星信号进行接收解析，确定作业员当前的具体位置
	路径规划模块	结合作业员当前的位置和所要到达的目的地进行分析，计算出一条比较合理的路线
	语音引导模块	利用已经计算出的路径进行语音引导，使用户能够方便地到达目的地

(1)基于 GIS 的电力配网巡检系统是以 GIS 技术为基础，结合移动终端及 GPS 定位技术，建立的一个适用于 10 kV 配网巡检管理工作的应用系统。系统软件部分由 GIS 平台系统及手持机管理系统组成。系统硬件由服务器、用户机、巡检终端组成。

(2)GIS 平台是一个强大的 GIS 系统，是一个庞大的信息处理与加工系统。系统可以分为四层：数据处理层、数据库层、高级分析计算与决策支持层、基于 GIS 平台的人机界面层。系统基础数据录入处理后的数据存入数据库层。高级分析计算与决策支持层将所有高级应用软件集成到 GIS 平台人机界面层上，为实现配电系统运行的科学管理提供支持，提供任务管理、设施台账管理和缺陷管理等功能，并接受来自于巡检终端的资料。后台系统还能够在地图上实时地查看每个巡检终端的具体位置和巡检情况。

(3)用户机可以运行拓扑分析、运行分析，实现设备管理、巡线管理、缺陷管理与检修管理等几个模块。用户端具有除系统管理员之外的所有权限，能查看其他部门的所有工作。用户采用 TCP/IP 访问机制与数据库服务器交换数据，以 Client/Server 方式形成分布式管理。

(4)手持巡检终端是一个手持电脑(Pocket PC)，该手持电脑通过 GPS 设备获取定位信息。手持巡检终端的 GPS 模块将系统应用于电力线路巡检工作，配合 GIS 信息系统的线路信息，为电力配网的巡检、维护等作业提供一个良好的应用平台。手持巡检终端在本系统中，需要依靠 GPS 模块自动获得巡检人员当前位置的坐标数据，运行在掌上终端上的程序不断分析坐标数据，随时作出反应。通过卫星定位记录定位作业的路线的另一个作用是可以增加管理监督力度，提高具体工作人员的责任心，解决了原来缺乏手段考核工作人员是否按路线及时检查电力线路等问题。

6.3.4 系统工作流程

本系统采用掌上电脑结合 GPS 的方案。巡检人员使用掌上电脑到现场检查线路和设备时，通过 GPS 得到所在位置的经纬度信息，根据这个信息对比数据库中预先存储的经纬度，算出最接近的电杆，提示用户进行每个项目的检查。所有电杆检查完后，可以将掌上电脑中的数据自动同步到桌面电脑上，供管理者管理和日后的分析使用。其操作流程如下：

(1)由管理主机将线路及其设备情况的描述文件传入掌上电脑(仅在更新线路的数据时进行该操作)。

(2)巡检员身份识别。巡检人员输入自己的用户名及口令，以验证身份。

(3)逐一巡检一条线路的每根电杆。掌上电脑根据 GPS 获得的地理位置信息，自动地调出符合该信息的电杆，让巡检人员逐一对巡检项目进行填写，并逐一记录异常情况。

(4)完成巡检后，巡检人员将掌上电脑放到管理主机的基座上，系统自动将巡检结果传入管理主机的数据库中，以供日后查询和管理使用。

6.3.4.1 后台管理系统工作流程

系统后台管理平台主要是用于与数据库连接、管理数据、修改口令，以及完成服务器与 PDA 之间的数据上传/下载，可以满足局域网上任何一台安装该系统的计算机对巡线业务的数据进行查询分析。主要是对配网巡检业务进行管理，包括巡线业务管理、录入巡线任务信息、巡视数据统计、缺陷管理、数据下载、数据上传等功能。后台 GIS 系统设备管理及巡查管理工作流程如图 6-3 所示。

6.3.4.2 手持机系统工作流程

巡检手持机端操作基本流程主要包括以下几个步骤：启动系统、定位、登录系统、选择任务、选择巡检卡、选择巡检项目、检查相应子项目对应的设备状况、发现缺陷填写缺陷单、填写交叉跨越信息、提交巡检卡、类似操作完成其他巡检卡、当该任务巡检卡都完成时提交巡检任务、再选择其他巡检任务、全部完成后退出系统。手持机系统工作流程如图 6-4 所示。

6.3.5 详细设计

详细设计的主要任务是对初步设计产生的系统方案进一步完善和细化，全面地进行详细设计和规范地编制详细设计报告是确保电力巡检系统详细设计完整性的重要措施。该系统详细设计的主要内容包括：详细的系统需求确定，应用系统的软件结构、算法、代码编写说明，数据库逻辑结构和物理结构设计，系统软件、平台和硬件施工安装设计，组织机构、人员配置和培训计划等。各项设计深度应达到可分步实施的程度。

6.3.5.1 详细的系统需求确定

(1)确定系统的详细功能需求。用定量与定性相结合的方法，详细描述每一功能单元的处理机制、输入输出要求、制约因素和功能运行环境。

(2)确定系统的详细信息需求。用定量与定性相结合的方法详细描述信息的种类、数量、属性、编码、长度及存储等需求。

(3)确定系统的详细性能需求。用定量与定性相结合的方法详细描述数据精度、响应时间、处理周期、更新时间、传送时间、可靠性、效率、可维护性等性能方面的需求。

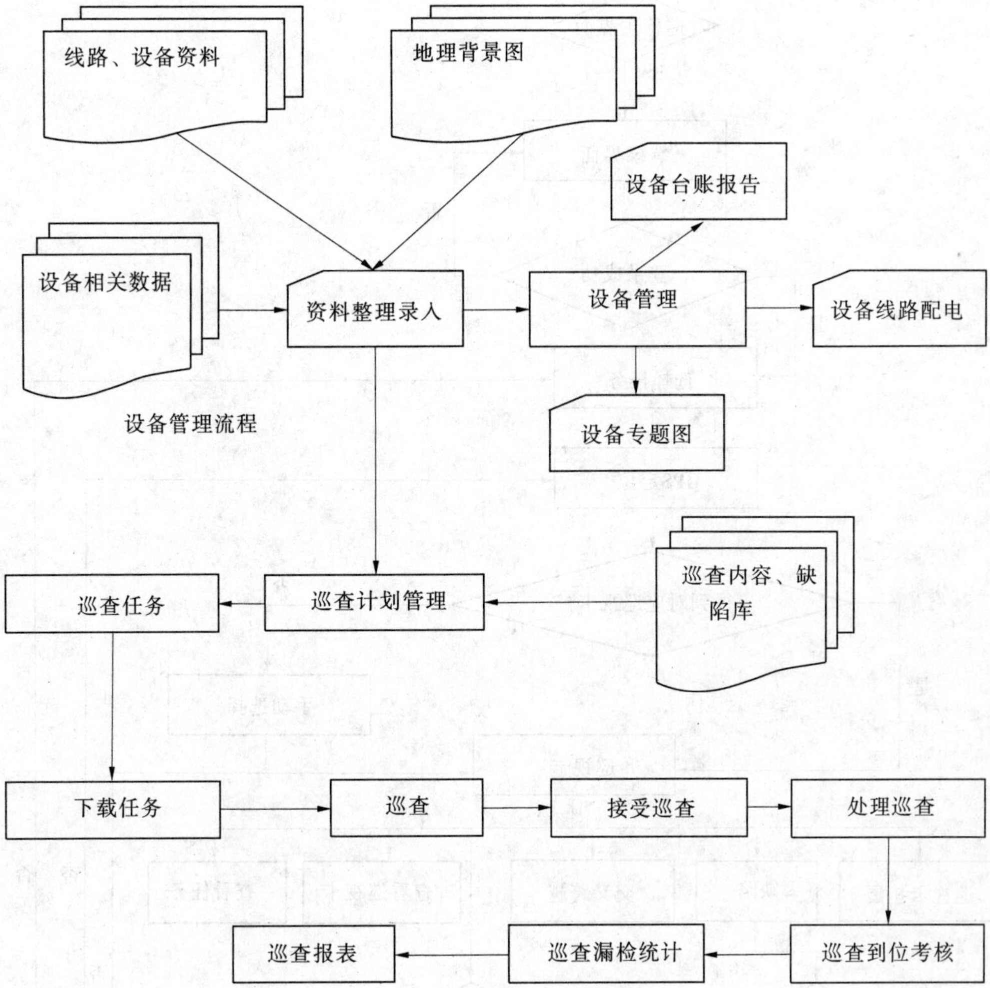

图 6-3 后台管理系统工作流程

6.3.5.2 应用软件系统设计

(1)软件结构设计。根据初步设计的结果,将系统总体结构转化为应用软件系统的组成体系,将功能模型转化为软件结构模型,进行软件结构细化及优化。

(2)程序模块描述。根据功能模型中的各功能单元,结合详细功能需求规定,进行程序模块功能、出入条件规定,制定程序模块的处理逻辑和算法,设计程序模块涉及的数据结构。

(3)接口设计。分别进行内部接口、外部接口和用户接口设计。

6.3.5.3 数据库系统设计

(1)完善数据库概念结构设计。根据系统的详细信息需求规定,完善信息模型的设计并给出其详细说明。

(2)数据库逻辑的结构设计。根据实体与数据库表、属性与数据库表的字段的对应关系,将信息模型转换成与数据库管理系统类型相应的逻辑模型或数据模型,详细给出表

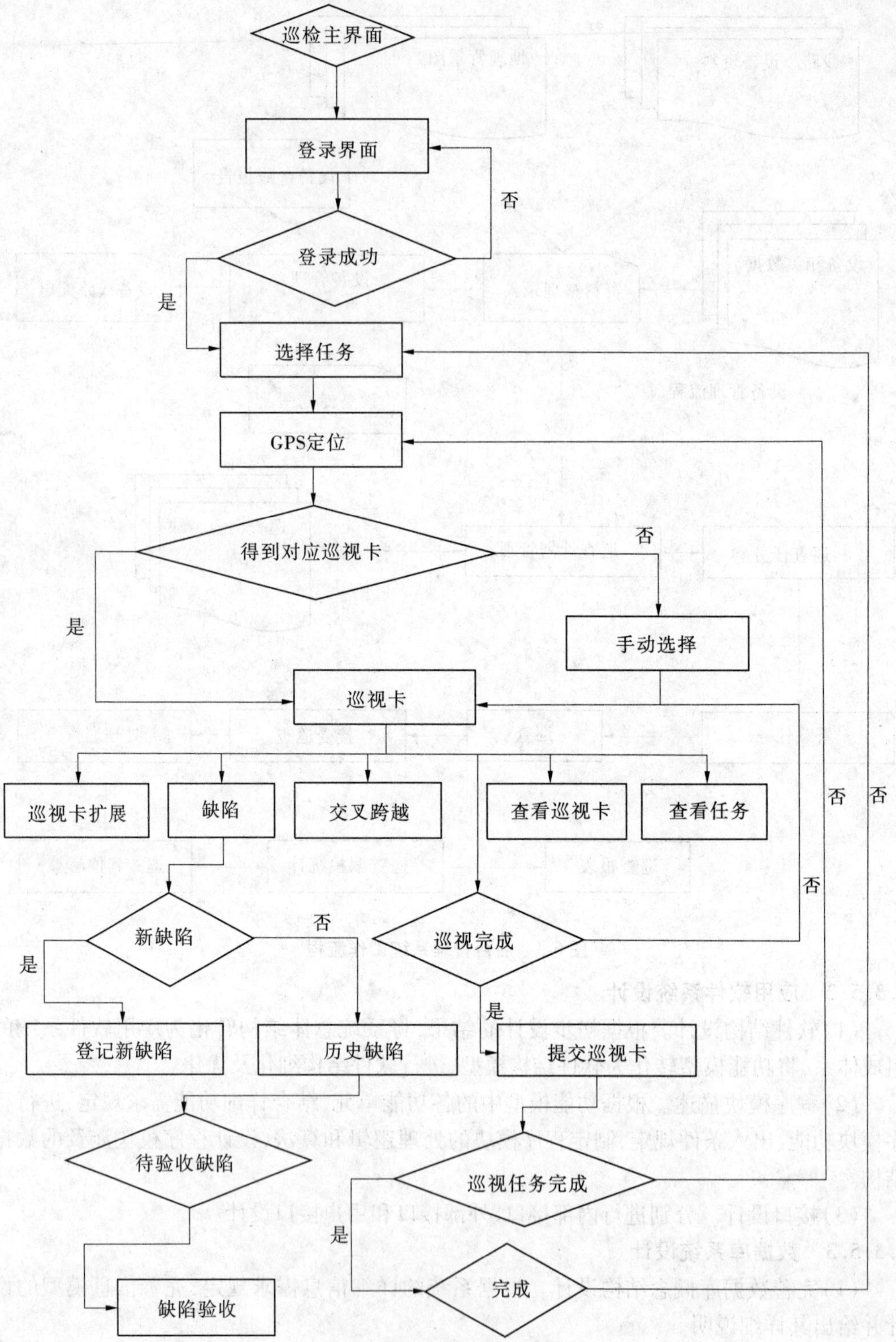

图6-4　手持机系统工作流程

空间和表结构，并进行规范化处理和逻辑模型优化，形成数据库管理员视图。

(3)数据库物理结构设计。根据数据库系统的运行要求选定数据库管理系统类型和存储磁盘类型，如单机运行、双机备份、磁盘阵列等，描述数据库的物理组织方式、存储方式和访问方式，建立数据库系统程序员视图。

6.3.5.4 网络系统设计

根据系统的主要网络应用类型和已经确定的性能需求，绘制反映网络应用需求的网络结构示意图，如机房、楼层、办公室和系统网络服务之间的联网要求，设计网络拓扑结构，规划网络层地址和IP地址，进行网络节点命名，制定网络安全和网络管理策略，选择网络技术和设备，编写网络设计文档。

6.3.5.5 发出各种综合后期保障文件

发出各种综合后期保障文件，如《备件目录》、《保障设备目录》、《用户技术资料目录》等，进行《产品说明书》、《使用手册》、《维修手册》等用户技术资料的编制工作。

此外，还要进行详细的综合布线系统设计、计算机房设计和信息安全管理系统的设计，制订组织机构、人员配置和培训计划。

6.3.5.6 系统设计的实现

1. 数据库建立

地理信息系统建立数据库的第一步就是确定该系统的数据源。从总体上数据源可分为空间数据和属性数据两类。信息系统作用的对象是数据，输出的结果也是数据，数据在信息系统建设中处于灵魂和核心地位。空间数据和属性数据是保证电力配网巡检系统GIS能够正常工作的基础，数据库在电力配网巡检系统中占有十分重要的地位，高质量的数据库是建立电力配网GIS系统的基础。

配电管理信息系统对电力系统基础数据进行管理，形成一个共有空间概念(地理环境信息)和基础信息输电网络及设备资料、通信网络及设备电力用户资料的分层管理基础数据库，既能方便地进行查询和管理，又为电力系统的安全经济运行和管理提供一个有效的、共有地理信息的数据模型系统。在基于 Smallworld 的平台上建立的数据集见表6-2。

表6-2 Smallworld 内部数据列表

数据集内部名称	数据集外部名称	说明
Elec	电力设备数据集	存放所有电力设备的数据表
Mapbase	背景地图数据集	存放背景地图的数据表
DXF	DXF导入导出数据集	存放进行DXF图形数据导入导出的中间数据表
Logdata	系统日志数据集	存入日志数据表

系统的核心，也是信息系统建设的一个重点，能否准确表达电力设备对象的各类属性及关系是电力行业数据建模的关键所在。本系统基于GE Smallworld进行面向对象建模，通过对变压器、电杆、开关、闸刀、架空线路等设备的抽象，利用实体所依附的属性和彼此间的关系来构造模型，全面、准确地反映电力系统网络及其设备对象。将图形、数据紧密

结合在一起，真正做到了图数一体化，实现了对象的一般属性、空间属性混合检索和空间拓扑分析，为快速的电网拓扑分析、电源点追踪、电网实时重构等高级应用提供了技术支撑，并为电力行业特殊的、基于复杂数据的各种应用与管理奠定了坚实的基础。

GE Smallworld 提供了一套专门用于建模的可视化的工具 Case Tool，它以图形化的方式提供独立于系统、基于对象的数据建模模块。在 Case Tool 中，用户不仅可以以图形化的方式建立对象与对象之间的关系，还可以以图形化的方式建立行业规划库，大大简化了开发和维护的工作量。我们在对电力配网系统进行建模时，在对系统详细分析的基础上，着重分析电力配网的连接关系和运行模式，采用面向对象的分析方法，将单个设备从电力配网中分离出来，逐个分析并确定连接关系，从而达到定义整个输电网的连接关系和运行模式的目的。一旦建好电网的数据模型，网络的拓扑关系就由系统自动维护，对用户来说，可以减少维护的工作量，体现了系统的实用性，也能充分发挥 GE Smallworld 在网络拓扑追踪方面的优势。

2. 配电网设备分类

在电力系统中，配网的管理通常是以线路为中心的，线路上包含了各种配电设备，变电站是配电线路的源头。以 10 kV 电力线路为例，从变电站出发，经过开关站、架空线路、电缆线路到变压器（用户变压器）为止，变电站出线、开关站进出线一般是电缆，其他线路都是架空线，线路上还有一些其他设备，如电杆、线路开关等；变电站、开关站内部有母线、开关、站内变压器等设备，还有一些附属设备，如杆上的角铁、拉线、横担等。根据供电所配电网设备管理需要对部分设备分类如表 6-3 所示。

表 6-3　电力配网设备分类

设备类型	分类方式	设备名称
线路设备	在主地理图上进行操作的设备	架空线、电缆、开关、导线接头、电杆
变电所	在主地理图上表现为一个建筑物内部所需要管理的设备	变电站、开关站、电房、变压器台、接线箱
电房内设备	通过内部图来管理的设备（内部结构）	变压器、站内开关、母线、电容器
管道设备	具有横截面的设备	电缆沟、电缆井、电缆管道
线路附属设备	通过其他设备的几何位置来定位的设备	电容器、避雷器、横担、拉线

每一种分类中的每一类设备又可抽象为一个设备集，如配电线路上所有的变压器可构成一个变压器设备集（变压器台）。系统中地理对象的对象集就相当于一条配电线路上的设备集，配电线路上有几个设备集，地理对象上就有几个对象集，它们一一对应，在系统中表示为一个个关系。最下层的对象就对应一个具体的设备（比如线路上每一个变压器、电杆），在系统中表示为一条记录，每一个对象有一个 ID 的标识，将每一个设备的每个属性定义为一个对象字段。对设备的这种分类模式充分体现了面向对象的特性，有利

于系统的搜索、统计、选择等操作。主要配网设施是指那些反映配网供电线路整体状况的比较重要或者大型的设施。在系统中,定义了以下 14 种主要的配网设施:变电站、开关站、杆塔、架空线、电缆、电缆井、线路断路器、线路隔离刀闸、电缆接线盒、发电厂、自备电源、配电房、变压器、线路跨(穿)越。电力设备建模示意如图 6-5 所示。

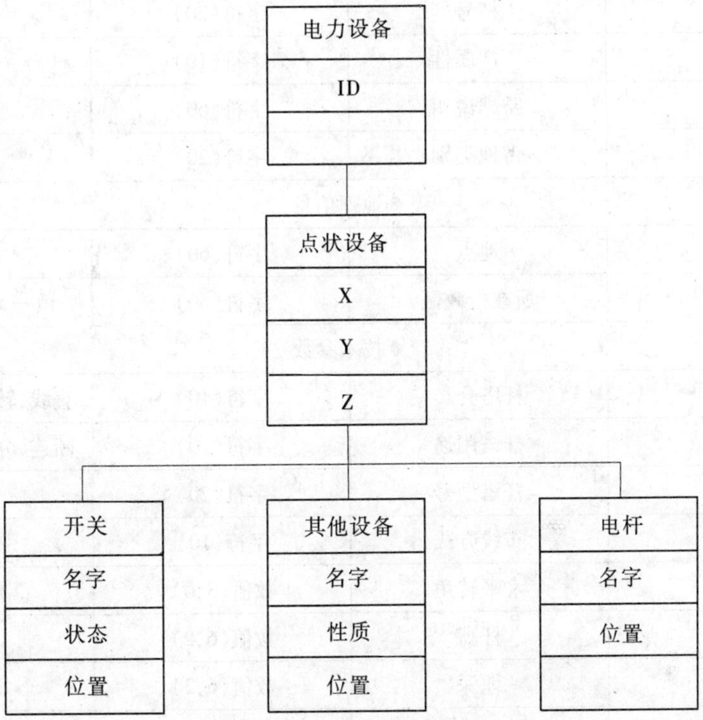

图 6-5 电力设备建模示意

3. 配电设备的属性建模

配电设备对象是特征的集合,这些特征就是属性。例如,配电运行中,架空线有名称、运行状态、设备定级、导线种类、施工总长度、位置、关联杆等属性,其中导线种类还可细分为绝缘线、裸导线,设备定级可分为一、二、三级,还有一部分要根据电力部门实际生产中用到的属性来添加。每一类设备的属性特性也不相同,根据其特性及实现方法,可将配电设备的属性分为物理属性、几何属性、逻辑属性、连接属性。以架空线为例,名称、运行状态、设备定级、导线种类为物理属性,施工总长度为逻辑属性,在系统中需要用空间方法来计算位置为几何属性,表示地理图中对象的空间位置关联为连接属性,它与架空线并无电气关系,只是物理上具有连接关系。在系统中,把每一类属性都抽象为一类属性字段,即为物理字段,存储文字、数字信息的逻辑字段,计算具有物理字段类型的值的几何字段,保存单独的几何图形,包括点、线、面等类型的连接字段,并定义对象间的关系,包括物理拓扑和几何拓扑。下面以 10 kV 线路电杆为例列出设备属性,见表 6-4。

表 6-4　10 kV 杆塔数据属性

序号	属性名称	数据类型	备注
◆管理信息			
1	所属线路名称	字符(60)	
2	杆号	字符(20)	
3	资产属性	字符(10)	
4	跨越说明	字符(60)	
5	占地类别	字符(20)	
◆地理信息			
6	地点	字符(60)	
7	所在行政区	字符(60)	镇—>行政管理区
◆技术参数			
8	杆塔分类	字符(10)	直线,转角,终端,兀杆
9	杆塔用途	字符(10)	断连,分支,耐张,电房
10	杆塔型号	字符(20)	
11	布线方式	字符(10)	
12	水平转角	数值(3,0)	
13	杆高	数值(6,2)	单位:m
14	埋深	数值(6,2)	单位:m
15	杆质	字符(10)	水泥杆,钢杆,木杆
16	设计荷重	数值(6,2)	单位:kg
17	杆塔基础型号	字符(20)	
18	杆塔回路数	数值(5)	同杆架的情况
◆其他信息			
19	备注	字符(100)	
20	附属文档	列表	设计图纸、现场图片等,请参看:附属文档的信息项目定义
21	组成设备/器件	列表	请参看:组成设备或器件的属性定义

4. 配电网络拓扑建模

配网拓扑结构是配电网分析的基础和依据。配电网的拓扑结构主要有两种:物理拓扑和几何拓扑。物理拓扑体现了配电网设备物理上的连接情况,不具有电气连通性。几何拓扑反映电网的运行状态,它具有电气连通性。电网中各种开关闸刀的开闭状态都将影响电网的拓扑。配电网对站内、站外设备采用不同的方式进行管理,站内设备和线路用主站接线图表示,站外所有设备和线路用地理图表示,对站内外的电气连通性,系统采用内外超链接点来处理。系统用 Smallworld 的可视化建模工具(Case Tool)建立设备对象之间的物理拓扑和几何拓扑,用连接字段来说明拓扑建模中设备对象之间的连接关系。

5. GE Smallworld 数据库与 Oracle 数据库的连接

基于 GIS 的电力配网巡检系统的 GE Smallworld 数据库系统由 Smallworld 数据库和 Oracle 数据库组成。Smallworld 数据库存放了电网及地理空间等 GIS 数据和所有设备台账数据,但考虑到对其他应用系统的集成以及对多用户访问的支持,将设备的台账以及其他与图形应用无关的信息(如业务流程数据和其他工作报表统计数据等)同时存放在 Oracle数据库系统中,与其他应用系统共享。GIS 系统中采用了 Smallworld 数据库与 Oracle 数据库技术,两者通过 Insync 技术实现连接,并采用多层体系的技术架构。为确保两个数据库系统设备数据的一致性,采用 Smallworld 提供的 Insync Engine 机制,实现 Smallworld 与 Oracle 间的事务同步。在 Smallworld 中所做的数据修改通过 Insync Engine 刷新到 Oracle 数据库中,Oracle 中所做的数据修改也通过 Insync Engine 刷新到 Smallworld 数据库中。这种同步是双向的,而且一旦建立了这种机制,两边数据库的操作对于用户是透明的。系统数据库之间的数据交换架构如图 6-6 所示。

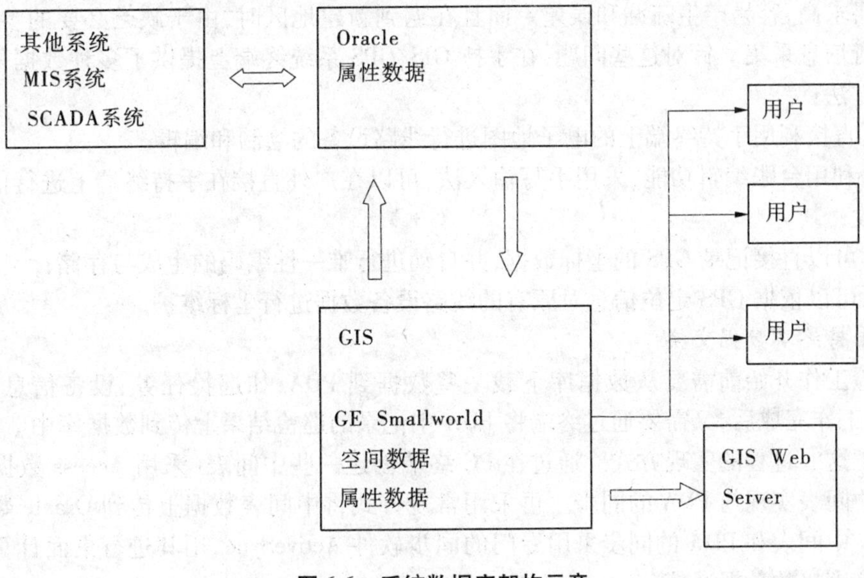

图 6-6　系统数据库架构示意

GIS 工作站向 GE Smallworld 服务器发出与客户服务中心 Oracle 数据库的连接请求,然后 GE Smallworld 服务器与客户服务中心 Oracle 数据库尝试连接,进行建立连接名称、建立连接用户名称等步骤。其中最重要的一步是密码的验证。在建立连接的过程中,程序自动输入一个密码,这个密码在编程的过程中写入,不是在连接的过程中输入。然后 Oracle 服务器会自动检验并识别这一密码是否与 Oracle 服务器上储存的允许连接的密码相一致。如果一致,允许进行连接,连接成功,两个数据库一直处于连接状态,等待数据互访。但不是每次数据库的连接都能够成功,如果出现以下一些情况系统会提示连接失败:服务器没有连机,连接密码输入不正确,网络出现问题,其他某些原因导致无法建立连接产生连接失败。连接失败后,系统给出可能导致连接失败原因的提示,警告操作者连接失败,并退出运行,返回 GIS 工作站。待问题解决后重新进行连接。

6. 地理底图处理

在 Smallworld 中导入数据地图是 GIS 开发中的第一步,也是非常重要的一步。一般数据地图是用 AutoCAD 或其他绘图软件绘制的,Smallworld 对这些数据地图的导入需要很复杂的过程。电力配网系统可以使用 1∶5 000 的图纸,系统组建过程中采用向市规划局购买数字地图的方式获得地理底图。数据地图的顺利导入是建立精确、稳定、使用方便的数据库的前提。系统以数据地图文件形式,采用 Smallworld 中的 DXF 翻译器来实现数据地图的导入,不需要安装其他软件即可迅速完成 AutoCAD 所绘制的 DXF 文件数据地图的导入。

另外,底层地图仅仅标志了道路、建筑物等环境信息,而电力系统内的设备状况有很多需要通过测量与制作。地理数据是系统成功的关键,系统各种功能的实现主要依赖于数据的完整性与准确性,所以从系统建设的初期,就需要大量的数据的采集、录入与维护工作。

以往的数据采集,往往是通过工作人员直接在图纸上进行信息记录来进行的,对电子地图的要求高,容易产生疏漏和误差。而且在遇到新建地区时,由于缺乏必要的参照物,无法进行信息采集。针对这些问题,在手持 GIS/GPS 系统终端上提供了多种数据采集和编辑的方法:

(1)直接利用手持终端上的电子地图进行线路设备的绘制和编辑;

(2)利用台账编辑功能,采用手写输入法,可以在户外直接在手持终端上进行信息资料的修改;

(3)可以直接记录 GPS 的坐标数据,并自动进行唯一性编码的生成与存储;

(4)可以依据 GPS 定位信息对原有的线路设备数据进行坐标维护。

7. 手持终端数据交换

巡检工作开始前需要从数据库下载一些数据到 PDA,如巡检任务、设备信息、人员等,巡检工作完成后,又需要通过终端将 PDA 中记录的巡检结果上传到数据库中。图 6-7 就体现了这一过程的实现方式。通过在 PC 终端创建一些中间表(采用 Access 数据库),由数据中间表实现与 PDA 的同步。再采用常规方式将中间表数据上传到 Oracle 数据库服务器。中间表和 PDA 的同步采用专门的同步软件 ActiveSync,用其进行桌面计算机与掌上电脑直接的数据通信。

6.3.6 系统功能与实现

通过掌上电脑完成缺陷的详细规范性记录,使消缺管理和人员考勤逐步走向电子化、

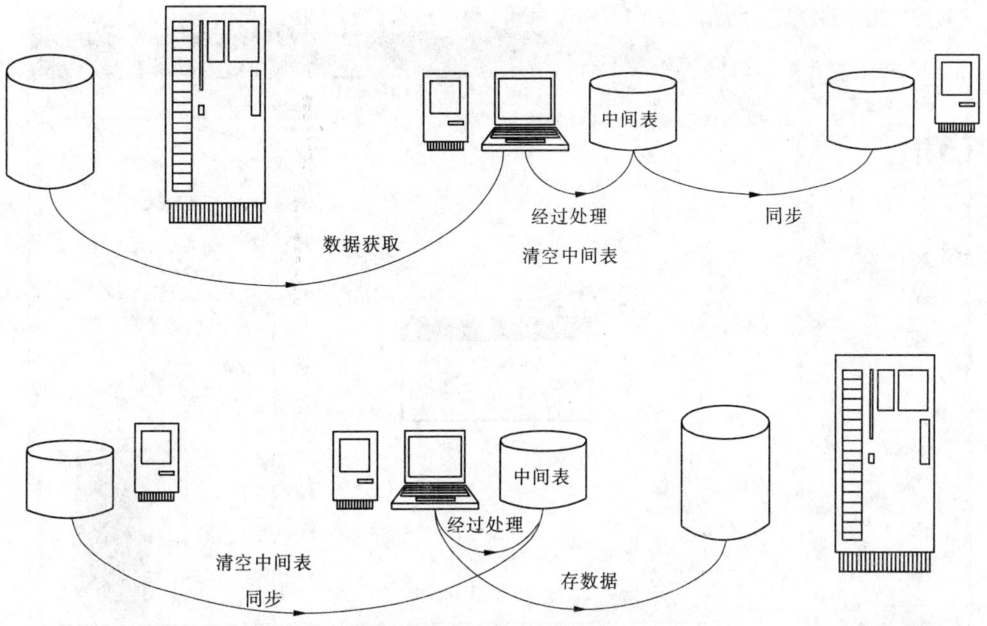

图 6-7　手持机数据交换示意图

信息化、标准化。

管理机收集手持机中的巡视记录信息,完成巡视数据的存储、查询、分析、汇总和报表输出,实现从缺陷发现到缺陷处理及注销的全过程高效监管。

缺陷库编制采用开放的分级代码管理模式,将各种缺陷进行分级分类并赋予唯一的代码编号,整个巡检管理系统内部只识别缺陷代码,而缺陷的名称和描述可以任意更改与制定,为用户的运行和维护提供了极大的灵活性。

6.3.6.1　后台管理系统功能

1. GIS 功能

GIS 图资系统平台主要负责:对供电范围内的地理信息进行管理,电网系统的单线图、系统接线示意图、变压器台区图等的管理,工程图管理及其他图片资料等的管理,构成具有地理信息、电网信息、用户信息的分层管理基础数据库,为输变配电管理工作提供基础信息、图形编辑维护功能,地理图形导入和编辑功能。

经单独的图形显示模块,系统提供变电站内部图、开关站内部图、变压器台架内部图、电缆管道或电缆井剖面图等图形模块,方便调用。在地理背景图上绘制、显示输变电线路网络图,包括变电站、杆塔、架空线等设备。地理接线图显示了输变电网络的框架。接入输变电电网的各类不同元件,以变电所为核心,架空线路为脉络,形成网络拓扑结构。地理接线图以地理位置为背景,按照输变电线路的实际走向,分层绘制出各个电压等级的输变电线路网络图形。在地理接线图上可以同时显示变电所、架空线、杆塔、开关站等各种设备的地理位置,以及计划、设计、保养维修中的设备,线路的工作,接地位置。

GIS 平台功能界面如图 6-8 所示。

基于 GIS 的电力配网管理系统,在地理图上显示输变电网络运行状况。随着实际情

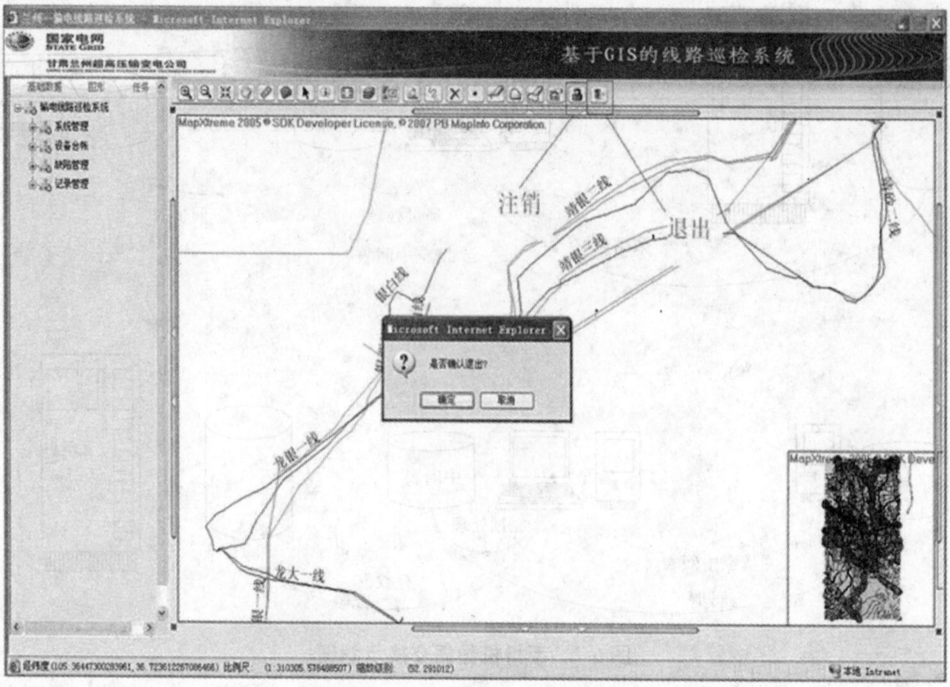

图 6-8　设备管理功能界面

况的变化，当线路、设备变更时，操作人员可通过交互操作完成新运行状况的设定，GIS 系统则自动更新与之有关联的数据以及相应的逻辑接线图、网络图。

电气单线图是输变电设备的电气连接示意图，表示电气设备之间的连接关系，以及变电站与电力系统设备的电气连接关系。应在地理接线图的基础上自动生成，如图 6-9 所示。

1）数据录入和校核功能

方便的拓扑维护功能。各种设备设有不同的拓扑规则，系统自动扑捉、自动建立拓扑关系；录入前即检查拓扑的正确性，从数据源头来保证拓扑的正确性。

Excel 属性数据的导入导出，实现了方便的属性数据输入，用户可以像使用 Office 一样来使用 GIS 系统。

GPS 数据的接入，实现了网络设备的快速成图和定位。

智能自动填属性功能，省去了用户大量重复填入数据的麻烦。

其他如线路的截断、合并，线路电源点的重新改造接线等细致的功能。

强大的数据检查校核工具，从数据的强制、编码的唯一性、字段的长度、连接关系的正确性到数据间制约关系的检查、外键指向设备是否存在、模型电气参数的合理性等做一个全面检查，从而保证数据满足 DMS 系统的严格要求。

2）统计查询及报表功能

快捷的通过图形查询属性功能。

功能强大的通过属性查询图形功能。

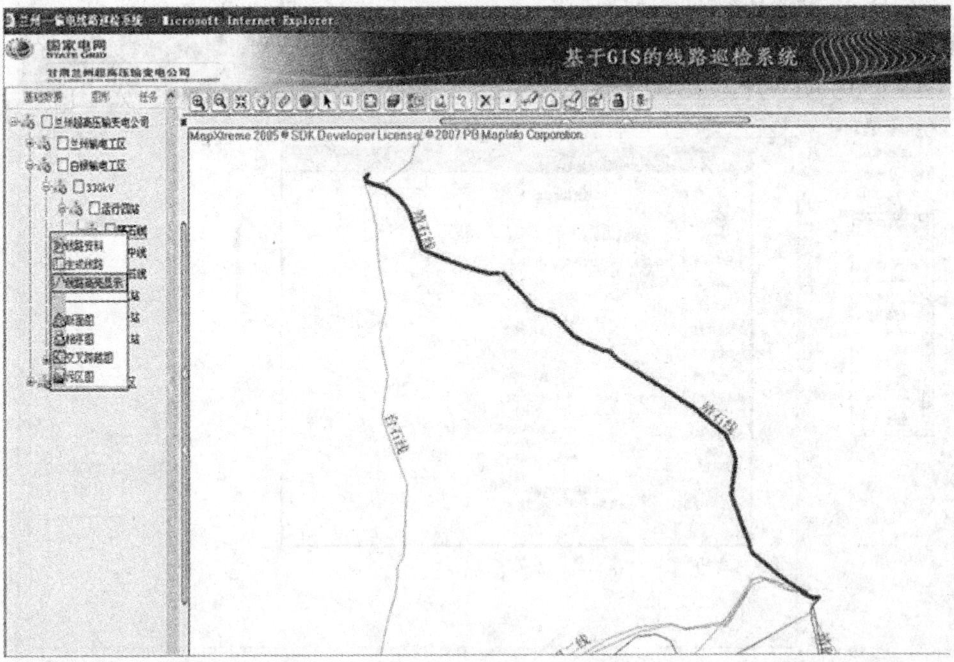

图 6-9　线路高亮标绘显示

任意属性组合条件的统计功能。

基于空间拓扑关系的空间统计、报表功能。

基于电力网络拓扑关系的统计、报表功能。

专题图表生成、统计功能。

可向 Excel 输出统计结果,根据需要生成报表。设备列表及导出 Excel 功能见图 6-10。

3)拓扑功能

电源追踪功能。

供电范围分析,供电影响范围变压器容量统计。

开关操作功能,线路动态着色功能。

4)自动作图功能

GIS 中采用了新的图形正交化算法,快速自动生成班组日常工作中非常实用的单线图、一次接线图、杆位图。

采用了新的图形排布算法,在保留大致地理走向的前提下,充分利用视图空间而又让图形的各个元素清晰显示。

2. 设备管理

设备按分类进行管理,分为站类、线类、节点类、设备类、测量装置及其他。

站类:变电站、开关站、配电室。

线类:架空线路、电缆线路。

节点类:杆塔、电缆头。

设备类:变压器、开关、电容器、电抗器、消弧线圈。

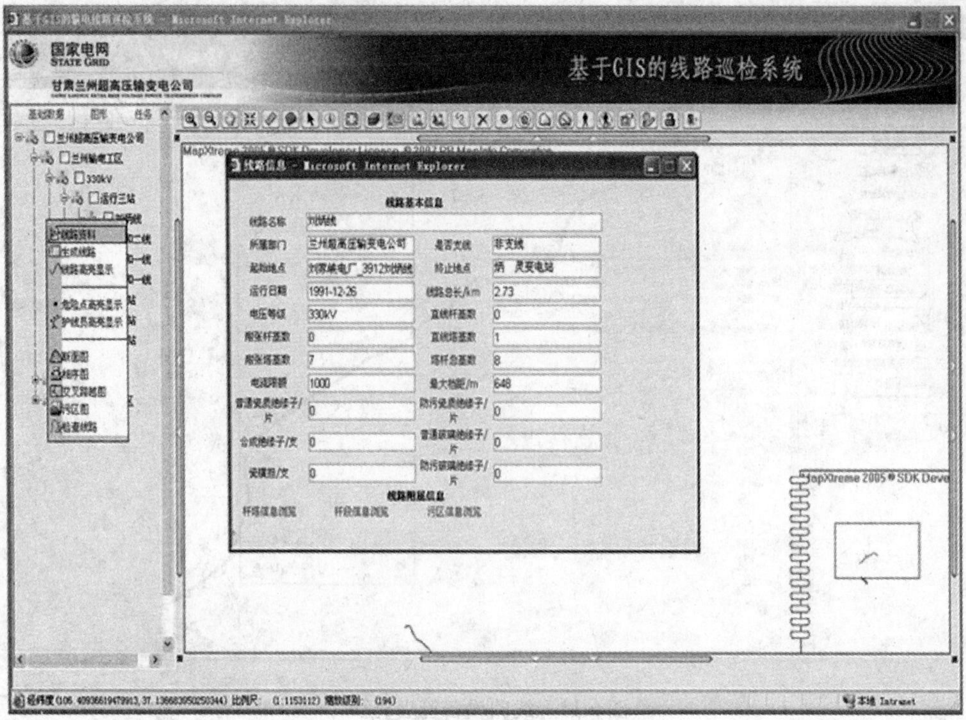

图 6-10　设备列表及导出 Excel 功能

测量装置：电流表、电压表、功率表、电能表。

其他：避雷器、电缆沟、电缆井等。

设备管理模块主要对这些设备的台账、安装地点、电气位置进行管理，可以对这些内容进行查询、统计、操作等，如图 6-11 所示。

3. 巡视管理

配电运行管理主要对日常的操作记录和主要设备的运行状态进行管理，包括各种设备试验、变更、巡视、缺陷、故障等记录的录入、查询和统计，各种设备运行规程、规定的录入与查询，自动生成设备检修、试验、巡视计划。

制定巡视计划表（巡视年（月）计划、线路编号、起止杆号、计划巡视日期），确定巡视周期；

设备巡视记录及设备巡视信息显示（巡视日期、时间、部门、巡视设备编号、巡视结果等）；

开关跳闸记录簿、定期切换试验记录簿的管理。

4. 缺陷管理

系统应对所有发现的线路缺陷、线路薄弱点等信息进行分类管理，做出各种缺陷处理方法及处理时间的安排，作缺陷消除记录，按要求进行各种缺陷的统计，并做出季度缺陷报表。缺陷管理流程如下：登记、线路工区审核、生产审核、安排检修、处理缺陷、验收缺陷等。

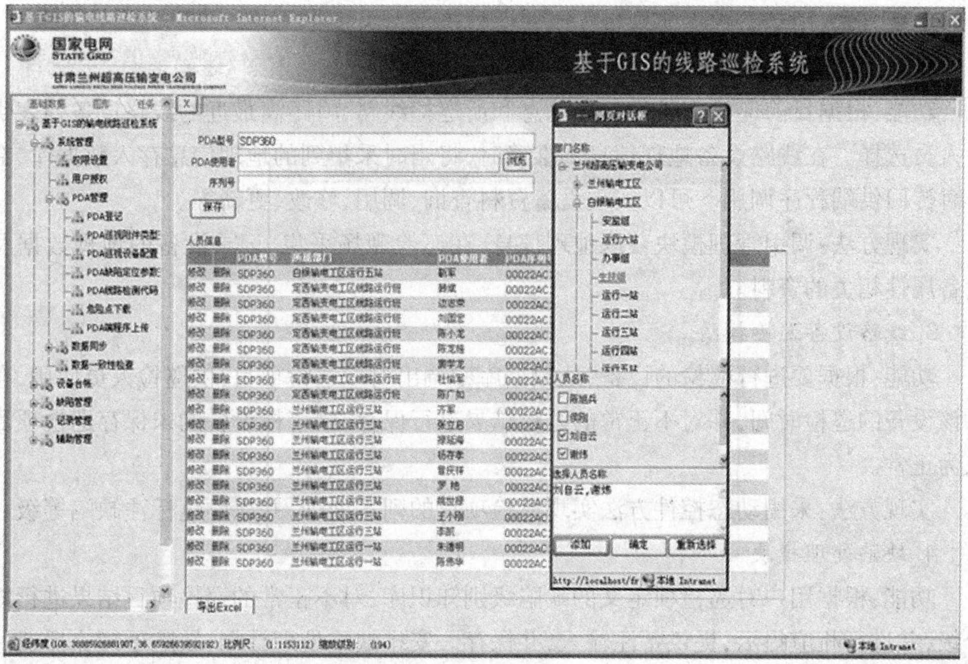

图 6-11　线路设备管理界面

5. 检修管理

检修管理包括检修计划(年计划、月计划、周计划)审核、批准、执行等流程。检修计划的内容包括:年计划发布、月计划发布、班组周计划制定、周计划汇总、周计划批准、周计划执行、周计划查询。另外还有设备大修记录的录入、设备检修周期管理。

线路第一种工作票的开票、签发、许可、终结;

线路第二种工作票的开票、签发、许可、终结;

线路倒闸操作票的开票、许可、终结。

6. 其他功能

系统维护:权限、功能设定。

帮助:系统使用帮助,巡查、检修手册,巡查、检修的帮助信息。

功能日志:记录、查询系统功能日志,相关系统操作记录。上机日志记录了所有的登录用户的一些登录情况,包括用户编码、更换用户的起始时间、终止时间和使用时间。选择一个用户编码后,单击修改图标即可在下方的编辑栏中填写或者修改日志;输入起始时间和终止时间,单击“查询”后即可查出在这一段时间内登录系统的所有用户操作的情况。

6.3.6.2　手持机系统功能

手持机系统功能如下。

1. 登录模块

功能:以密码方式管理巡检人员登录,有可能是多人巡检,并让其选择将要巡检的线路,同时输入巡检时的天气状况。

实现方法:用动态控件实现多人同时巡检选择。

2. 设备管理模块

功能:根据目前巡检人员的位置信息和所巡检线路,将距离最近的线路设备列表供巡检人员选择。在线路设备地理信息不准确时,将当时采集到的地理信息存入数据库,在同步时传回供端程序调用。可以实现设备资料查询、调用、修改、更新等。

实现方法:调用管理模块获取地理信息,在巡检现场采集、记录设备的地理数据及与设备属性相关的资料。

3. 线路设备巡检模块

功能:根据要进行巡检的设备,从数据库中调出对应巡检项目,供巡检人员使用,存储对该设备的巡检时间,并对不正常的巡检结果进行保存,已巡检设备的未保存巡检项目默认为正常。

实现方法:采用动态控件方法实现巡检项目的列表处理,并以颜色标注缺陷等级。

4. 缺陷处理模块

功能:根据用户对巡检项定义的缺陷级别知识库,对不正常的巡检项目结果进行缺陷分级,并进行相应提示,提供备注输入,并保存。安排缺陷处理计划,缺陷处理完后通过验收表记录处理情况。

实现方法:程序根据数据库中定义的缺陷等级对巡检人员输入的缺陷描述自动进行登记判断,并做出相应提示。

6.3.6.3 系统维护

软件的可维护性常常随着时间的推移而降低,如果没有为软件维护工作制定严格的规范和策略,许多软件都将蜕变到无法维护的地步。国内外许多教材和资料都讨论过软件维护的策略,但是,所给出的维护策略都是原则性的,可操作性较差。我们将软件工程原理运用于实际的软件维护活动中,经过长期的摸索总结出一些实用的软件维护策略。这些策略基于维护管理和维护技术,运用这些策略能够以较小的代价最有效地实现维护活动。

(1)为维护工作制订流程。

软件维护活动必须在一定的监控下进行,一旦失控就有可能造成整个软件报废,图6-12、表6-5 给出了一个软件维护工作流程图和较详细的维护过程描述表。

(2)所有维护必须先提交维护申请,维护申请必须规范。

任何人不得私自进行系统维护,所有维护必须按规定的方式提出申请。维护申请可以由用户提出,也可以由系统维护者提出,申请报告应该填写维护的原因、缓急程度。特别是改正性维护,用户必须完整地说明出现错误的情况,包括输入数据、输出信息、错误清单以及其他相关信息。如果是适应性维护,用户要说明软件要适应的新环境。对于完善性维护,用户必须详细说明需求变化和性能要求,对于新增加的需求,仍然要进行需求分析、设计、编程和测试,相当于一个二次开发的工程。维护机构对申请进行评价,将评价结果填写在申请表的评价结果栏内。表 6-6 给出了一个软件维护申请报告的模板。

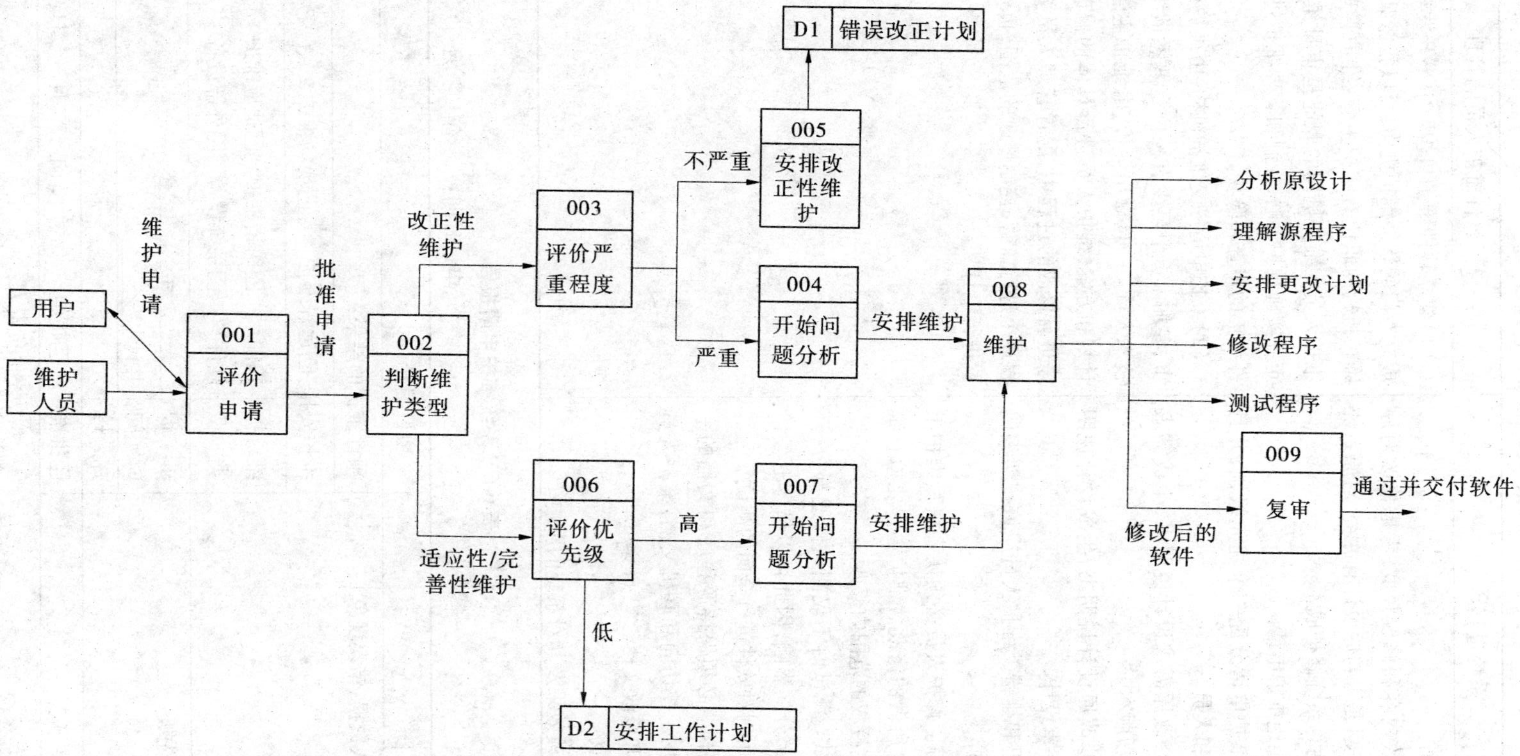

图6-12 系统维护工作流程

表 6-5 系统维护过程

系统过程	软件维护人员的管理
(1)维护申请。 (2)分析修改内容和修改频度,考虑修改对原设计的影响程度,是否与原设计有冲突,对原系统的性能影响,估算系统修护成本。 (3)接受或拒绝维护申请。 (4)为每个维护申请分配一个优先级别,并且安排工作进度和人员。 (5)阅读并修改原需求设计说明书,生成需求规格说明书的新版本。 (6)阅读并修改原设计说明书,生成设计说明书的新版本,评审设计。 (7)修改编码和排错。维护人员应该按照编码规范修改源程序。 (8)维护跟踪。修护人员必须认真填写维护工作记录表,记录所做的修改。维护主管要检查维护记录,确保在授权的范围内修改。 (9)维护测试。测试时不仅测试修改部分,还要测试对其他部分的影响,因此可以借鉴开发阶段设计的测试用例对软件进行全面的测试。 (10)更新文档。必须保持源程序和文档的一致性。建议采用受控访问和联机文档,维护人员可以及时参考和修改文档。 (11)用户验收。 (12)评审修改效果及其对系统的影响	(1)建立软件维护机构。中小开发单位不一定成立专门的软件维护机构,可以指派某些人兼管。维护机构的职位有维护主管、维护管理员和普通维护人员。维护机构的职能是审批维护申请、制定并实施维护策略、控制和管理维护过程、负责软件维护的审查和验收。 (2)维护申请提交维护机构,由维护机构进行评审,参加人员中至少有一位是熟悉欲维护系统的技术人员。一旦做出评价,由维护主管确定维护计划和方案,维护人员进行具体的修改。在对程序进行修改的过程中,配置管理人员要对维护过程逐个进行监管,控制修改的范围,负责对软件配置进行审计

表 6-6 系统维护申请报告

申请编号:　　　　　　　　　　　　　　申请日期:　　年　　月　　日

<table>
<tr><td>项目名称</td><td></td><td colspan="2">项目编号</td><td></td></tr>
<tr><td colspan="2" rowspan="3">问题说明(输入数据、错误现象):</td><td colspan="3">预计维护的结果:</td></tr>
<tr><td colspan="3">维护安排:□远程维护　□现场维护</td></tr>
<tr><td>维护类型</td><td colspan="2">软件　□纠错维护　□适应维护　□完善维护
硬件　□系统设备　□外部设备</td></tr>
<tr><td colspan="2" rowspan="2">维护要求和优先级:</td><td>维护时间</td><td colspan="2">________至________
共计________</td></tr>
<tr><td>环境</td><td colspan="2"></td></tr>
<tr><td colspan="2">申请人</td><td colspan="3">□批准　□拒绝　　　年　　月　　日</td></tr>
<tr><td colspan="3">申请评价结果:</td><td colspan="2">评价负责人:</td></tr>
</table>

(3)系统维护要有计划。

如果维护申请通过了审批,维护主管要负责制订维护方案和维护计划,表 6-7 给出一个软件维护计划的模板。

表 6-7　系统维护计划

计划编号：　　　　　　　　　　　　　　　　日期：　年　　月　　日

项目名称：	申请编号：

客户单位/电话/联系人：
维护部门/电话/联系人：

变更性质：□更改性维护　□适应性维护　□完善性维护

维护优先级：

维护预估计工作量：

确认问题：

维护范围：

维护项目	修改模块	修改文档

维护任务安排：

工作项目	负责人　开始时间	结束时间　参加人员

双方责任：

客户方应做的配合	维护方的责任

客户方责任人签字/日期	维护责任人签字/日期

(4)在维护过程中需做维护记录。

维护记录是维护主管检查维护计划完成情况,监督维护过程,保障软件质量的基本信息。所有维护人员必须按规定格式和内容填写维护过程与记录。表 6-8 给出了一个软件维护记录。

(5)源程序修改策略。

表 6-8　软件维护记录

记录编号:　　　　　　　　　　　　　　　　　　　　　　日期:　　年　　月　　日

<table>
<tr><td>计划编号:</td><td>系统名称</td></tr>
<tr><td colspan="2">初始状态描述:</td></tr>
<tr><td colspan="2">模块名称:　　　　　　　　　编号:
系统安装日期:　　　　　　　系统运行时间:
故障次数:</td></tr>
<tr><td colspan="2">修护措施
<table><tr><th>日期</th><th>维护内容</th><th>修改情况</th><th>工作量</th><th>维护人员</th></tr><tr><td></td><td></td><td></td><td></td><td></td></tr></table></td></tr>
<tr><td colspan="2">修护结果</td></tr>
</table>

软件维护最终落实在修改源程序和文档上。为了正确、有效地修改源程序,通常要先分析和理解源程序,然后修改源程序,最后重新检查和验证源程序。

阅读理解别人写的源程序一般来说是非常困难的,需掌握一些技巧,掌握这些技巧有助于快速、准确地理解源程序。

①在阅读源程序之前,首先应该阅读与源程序相关的说明性文档。这些文档通常是程序功能、数据结构、输入输出格式、文件格式、程序使用说明等。

②在精读源程序之前要泛读源程序。这时只能粗略地阅读源程序,因为开始时对源程序了解还少,无法立刻深入到源程序中。

③画出软件的数据流程图。根据程序的处理流程画出数据流程图,这对维护人员判断问题、理解程序非常有用。

④分析程序中涉及的数据库表的结构、数据文件结构,如果能够确定数据结构及数据项的含义就在此写出。

⑤仔细阅读源程序的每个过程。比较有效的方法是画出每个过程的程序流程图,分析过程中定义的局部数据结构。同时,做一张过程引用全局数据结构表,维护人员可以清晰地了解程序中对全局数据结构的访问情况。

经过以上工作基本上能够理解源程序的功能和结构,然后就可以对源程序进行修改。程序员在修改源程序前,要先做好源程序的备份工作,以便于将来的恢复和结果对照。另一个重要的工作是将修改的部分和受修改影响的部分与程序的其他部分隔离开来。

程序员修改源程序时应该尽量保持程序原来的风格,在程序清单上标注改动的代码。在修改程序时,要求程序员先将原来的代码格式定义为统一的字体,将修改的代码以加粗字体显示。同时,在修改模块的头部简单注明修改原因和日期。

在修改源程序时要特别注意,不要共用原来程序中已经定义的临时变量或工作区,这是一个不好的习惯。为了减少修改带来的副作用,修改者应该定义自己的变量,并且在源程序中适当地插入错误检测语句。

程序员编程时遵循下面的编码规范可以提高程序的可读性:

- 尽量使用简单的算法和结构。
- 用空行把一系列代码分成段。
- 用有意义的注释为代码加说明。
- 命名应该有含义,其中的数字应放在末端。
- 避免使用相似的变量名。
- 过程/函数之间用参数传递数据。
- 用于程序标号的数字应该按顺序给出。
- 避免使用程序语言版本的非标准特征。
- 一个模块只完成一个功能,遵循模块高内聚、低耦合的原则。
- 一个模块只有一个入口和一个出口。

建议程序员养成良好的软件工作习惯,做好程序修改记录,表 6-9 为典型的程序修改记录表。

(6)验证修改。

修改后的系统应该进行测试。由于在修改过程中可能会引入新的错误,影响系统原来的功能,所以测试不但要检查修改的部分,还要检查未修改的部分。因此,在修改后,应该先对修改的部分进行测试,然后隔离修改部分,测试未修改部分,最后对整个系统进行测试。另外,源系统修改后,相应的文档应该修改。

(7)保持文档的完整性和一致性。

为了保持文档的完整性,建议采用一些 CASE 工具或联机的文档形式。在采用联机文档时,相同的内容不要在多处复制,应该采用链接引用的方式,避免造成文档不一致。事实上,如果在软件日常的运行和维护过程中生成一些历史文档,会对软件维护非常有利。最重要的历史文档有以下 3 种:

①系统开发日志。它记录了系统开发原则、目标、软件功能的优先次序、软件设计方案、软件测试过程和工具及开发过程中出现的重大问题。

②错误记载。它记录了出错的历史,对于预测今后可能发生的错误类型及出错频率有很大帮助,可以更合理地评价软件质量。

③系统维护日志。它记录了在维护阶段的修改信息,包括修改目的和策略、修改内容和位置、注意事项、新版本说明等。

(8)从软件开发阶段入手,考虑软件的可维护性。

表 6-9　程序修改记录表

系统名称： 源系统文件名： 备份程序文件名：			
维护描述：			
日期	修改内容	修改原因	特别说明
修改系统的模块： 软件修改的记录： 硬件修改的记录： 修改开始时间： 完成日期： 系统维护员：			

软件可维护性是软件维护难易程度的衡量标准，一个设计结构良好、编码规范、文档齐全的软件，其可维护性强。所以，除在维护阶段采取必要维护策略外，还应该在软件开发过程的各个阶段充分考虑提高软件的可维护性。

(9)利用新的软件开发技术和开发平台，提高软件的质量，减少开发中引进的错误。

(10)充分利用现成的软件包。

(11)在设计时把硬件、操作系统以及其他可能变化的相关因素考虑在内，可以减少某些适应性维护。

(12)将与硬件、操作系统、其他外部设备相关的程序归到特定的程序模块中。一旦需要适应新的环境变化时只要修改几个相关的模块就可。

按照软件维护策略进行软件维护，可以降低维护成本，保障维护质量，延长软件的生存期。软件维护是软件工程研究的核心问题之一，软件的可维护性关系到软件的生命周期。国际上,用于软件维护的费用相对较高,专家对软件维护问题相当关注。但国内前些年对软件价值不很认可,软件开发费用本身少得可怜,所以很少有人重视软件维护问题,因此许多软件由于缺乏维护而被抛弃。随着我国加入 WTO,软件开发技术与管理水平同国际接轨,软件维护也将越来越得到专家们的重视。

6.3.6.4 配置管理

系统的硬件分为客户端硬件部分、服务器和手持机三部分。

1. 客户端配置

系统的管理机性能指标需求如下(其他配置没有特殊要求,普通配置即可):

PENTIUMⅡ-233CPU 以上;

至少 128M 内存;

USB 接口;

CDROM;

40M 硬盘自由剩余空间;

显示分辨率:800×600 以上;

操作系统:Windows NT/2000/XP。

2. 服务器配置

由于用户希望可集中管理,因此可将数据库服务器、应用服务器及 Internet 服务器均放置在市局,统称市局服务器。在目前网络及数据负荷较小的情况下,可以考虑只购买一台服务器,集中了应用服务器的功能。而数据库服务器可以利用局里现有的 Oracle 服务器。服务器选用 DELL PowerEdge 3800 机架式服务器,其配置如下:

处理器:Intel Xeon 2.80G;

主频(MHz):28 000 MHz;

前端总线(MHz):800 MHz FSB;

标配内存:2 048 M;

磁盘控制器:集成双通道 LS Ⅰ 1030 Uktra320 SCSI 控制器;

标配硬盘万转运行方式:1 万转 SCSI 73GX3;

运行方式:RAID4。

3. 手持机

巡检系统的手持机由 GPS 卫星信号接收器和掌上电脑组成。系统选用内置 GPS 功能的个人掌上电脑 MioP350 配置参数基本配置如下:

操作系统:Windows Mobile5.0 for Pocket PC;

处理器:416 MHzIntel,Xscale,PXA272 处理器;

显示屏幕:3.5 寸 TFT 触控式液晶屏幕;

65 536 色,16-bit 显示,QVGA,分辨率 240×320;

内存:128 M Flash 及 64 M SDRAM;

扩充插槽:双插槽 SD(支持 SDIO/SD/MMC)、Mini SD;

GPS:内置 GPS;

蓝牙:BlueTooth 1.2;

红外线:SIR 115.2 kbps;

USB:支持 USB1.1;

电池:1 300 mAh 可抽换式锂电池;

尺寸:122 mm×73.2 mm×18.8 mm。

6.3.6.5 文档管理

文档作为系统开发的一个重要成果,是项目中不可缺少的组成部分,在电力系统巡检项目开发管理过程中,应当把各种文档标准化,制定出结构良好的文档模板,给出充足的提示和示例,并体现项目管理的特点,降低写文档的难度,提高效率。电力巡检系统开发的文档结构如图 6-13 所示。

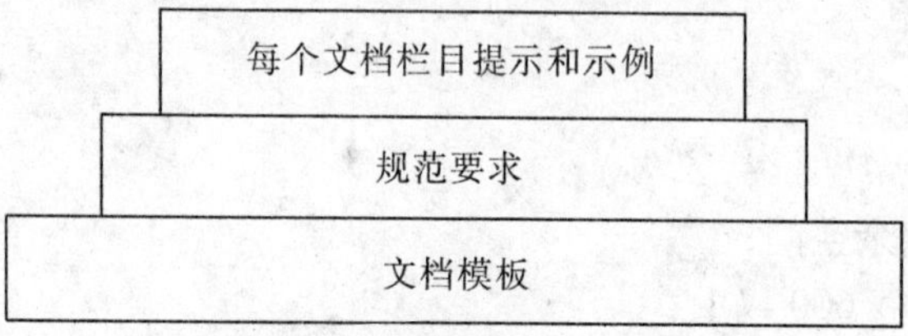

图 6-13　系统开发的文档结构

在文档管理过程中建立文档的收集、保管制度,建立文档目录,并由专人保管。要有规范的借阅手续和传阅制度,文档上的批示指示,应按照相应的责任将文件向责任人传达,及时将文件编成文档目录,以备今后查询。当原始文档由于计划、范围、设计等发生变更时,应及时建立变更文档;文档管理人员发生变动时,应及时办理移交手续,避免交接中出现差错和文档管理脱节。

1. 项目文档的重要性

文档是软件项目开发应用的一部分,存在于软件项目的整个生命周期之中,没有正式文档的软件项目开发,就不是标准规范的软件项目。文档 Bug 是软件缺陷的一种表现形式,通常客户并不知道文档是否存在 Bug,如果按照带有缺陷的文档进行安装操作,同样会造成不良的后果,甚至带来损失。在实际工作中,因文档质量不高,软件投产后出现系统宕机、延误生产的问题时有发生。因此,文档的编制和管理在软件项目开发中占有突出的地位和相当大的工作量,高质量、高效率地设计、编制、分发、管理和维护文档,对于转让、变更、修正、扩充和使用文档,提高软件项目的质量和客户满意度有着重要的现实意义。

2. 文档管理的方式

在项目实施过程中,由于项目实施的复杂性,多方人员参加以及时间跨度长等因素,所以有关需求、建议、解决方案和会议、问题记录等都必须文档化、标准化,以便查阅和引用。这些文档伴随着项目实施的各个阶段逐渐充实、完善。与此同时,它们亦记载跟踪了整个实施的过程和成果。因此,在文档管理的过程中,需要把握住一些重要的原则和方法,这样可以让我们的文档真正达到预期的目的。

1) 文档模板的管理

面对项目中需要建立的各类纷繁复杂的文档,如果各式各样,每个人一个风格,不论从美观性还是可读性上都会有影响，所以在文档管理的过程中应建立一套文档的模板。

在建立文档模板时，需要对一些格式进行要求，需要将一些基本的要素固化到文档模板中，确保文档需要的内容能够在文档中体现，例如文档的页眉页脚、文档变更历史、文档的目录方式、文档的字体等。

在建立文档时，要注意做好文档的分类。各种分类有一个清晰的定义，使用者可以清楚地知道实际使用时要采用哪种模板。如果是使用共享目录方式管理文档，需要在一个相对容易找到的文件夹目录中存放模板，如果是使用信息系统方式进行模板管理，最好能够在首页进行一个链接，让使用者可以快速地搜索到。在建立分类时，需要含有一个共同类，或者叫做公用类，因为在实际的使用过程中总是会有一些新的类别出现，也会有一些无法进行分类的文档，这个时候就可以通过共同类进行管理。

对于文档模板的变更，需要做到及时告知使用者，并做好版本管理。

2）文档目录的管理

为了能够在纷繁复杂的文档中找到需要的文档，需要在进行文档管理时建立一套完整的文档目录体系，主要包括文档的索引管理和文档的分类管理。

在进行文档管理前，需要对不同的文档建立一个分类，建立不同的分类可以便于文档的查找，也可以针对不同的分类制定不同的管理要求。如果是文件夹方式管理，还需要注意不同的文件夹内容的安排以及权限的控制，因为文件夹管理的特殊性，需要注意其权限管理的简洁化；如果采用信息系统管理，需要注意类型的编码体系的建立。一个好的文档分类体系可以让使用者方便地进行文档的归类和查找，文档的分类在一些管理过程中还需要注意归档管理的需求。

对于文档，需要建立一套索引机制。这里之所以特别提出索引机制，是因为在日常的文档使用中，会发现一些类似的文档，或者类似的内容说明，由于不同的撰写者会对一些基本的概念或者原则的说明存在一些差异，这个时候就需要有一个索引来明确什么是最准确的。这一点项目管理过程中特别重要，因为一个项目组往往会不时地发生一些变动，后来人面对多个说法时很难知道什么是对的，同时一些实际情况也会发生变动，一些说法也需要进行修正，而之前的一些文档也无法进行更正。所以，这个时候需要有一个索引来明确正确的说法，这一点也可以通过文档版本的管理加以改善。

3）文档的命名规范

各种文档，如果名称多样，或者名称含义模糊，将会造成使用和交流上的不便，需要建立一套有效的命名规范体系。对于文档的命名，首先需要名称能够容易识别。有些使用者不是很注意文档的名称，经常直接用文件的默认名称，或者就是一个自己的姓名、项目的名称等，其他的使用者很难识别是什么类型的文档。

在文档的使用过程中，可以规定在文档的某些部位必须放置文档的类型或者某些其他关键字，例如，将文档的类别放在文件名的头部，对于月度性的文档，规定头部必须放某年某月，等等。

对于一些分不同版本的文档，可以要求分不同的版本进行管理，文件名称中注明版本号，对于终稿等一些标志性的内容可以加一些特殊的标识，这样可以明确其重要性和权威性。

这些方式将有助于文档的文件名的整洁和清晰,使用者在查找时也较为方便。在进行文档的交互调整过程中,也可以增加一些日期信息或者修改者的标识来进行传递,主要的目的在于能够唯一识别一个文档,减少互相沟通的障碍。

4)文档的变更管理

文档在使用过程中发生变更是很常见的现象,对于发生变更的文档,需要通过手段加以约束,最常用的方法就是版本的管理,对于形成的文档及时进行归档保存。

文档发生变更时,需要做到两点:第一,文档有清晰的变更记录,主要是针对变化的部分,不能让每个使用者在文档发生变化后都需要把文件通篇读一遍;第二,文档的最终版本要能方便地阅览,如果只能看变更历史才知道最终版本的话,将大大提高使用成本。

在文档发生变更时,应能够通过必要的途径通知相关人,例如通过邮件通知或者公告通知的方式,避免新的文档产生后还有大量的使用者使用旧的文档。在实际操作环境中,ISO9000 管理使用的签字回收重要文档的方式很值得借鉴。当然,对一些电子文档需要采用一些其他变通的方式来处理。

5)文档的审核制度

很多文档作为一种指导性文件,需要有一定的严肃性和权威性,因而对文档进行必要的审核是必须的。文档的审核时机一般为文档建立时和文档发生变更时,对于文档的适用范围的变更也应该进行必要的审核。通过文档的审核,可以检查是否存在错误的事项或者一些不合理的事项,撰写者和审核者所处的岗位不同、知识结构不同,对于一个文档如何撰写的角度和看法也会不同,在后续的审核过程中能够很好地进行文档的校正。同时,文档的审核机制也可以明确各自岗位的责任。

总之,信息系统的实施是一个负责的管理过程,需要方方面面的管理工作配合到位。文档在软件项目的开发过程中起到了关键的作用,其作为一种日常交流的重要依据和工作成果的总结显得尤为重要。从某种意义上来说,文档是软件项目开发规范的体现和指南,按照规范要求编制一整套文档的过程,就是按照开发规范完成一个软件项目开发的过程。高质量的文档可以提高软件项目的质量,有助于程序员编制程序,有助于管理人员监督和管理软件的开发,有助于用户更好地安装和使用软件系统,有助于维护人员进行有效的修改和扩充。所以,在软件项目的开发过程中,要充分做好软件文档的编制和管理工作。作为小型企业,在文档管理的过程中既要注意严肃性,又要兼顾灵活性,在达到正常的规范性的基础上尽可能地方便使用者的使用和交流,提高使用效率。

参考文献

[1] 马建良. 基于 GIS 的电力配网巡检系统研究[D]. 广州:广东工业大学,2007.

[2] 张作义. Smallworld GIS 及其在供配电系统的应用[J]. 计算机工程,2000(11).

[3] 王先红. GIS 应用技术探讨及 Smallworld GIS 的应用[J]. 计算机工程与应用,2001(13).

[4] 张立. 基于 Smallworld 的配电 AM/FM/GIS 分布式系统[J]. 电测与仪表,2002(11).

[5] 李千波. Smallworld 开发的电力 GIS 系统数据地图导入的研究与应用[J]. 铁道工程学报,2002(3).

[6] 傅俊元. 如何构建基于 Smallworld 的配电 GIS 系统[J]. 电力需求侧管理,2003(2).

[7] 傅俊元. Smallworld 软件在配电地理信息系统中的应用[J]. 电力系统自动化,2003(18).
[8] 孙月琴,卢金滇. 电网故障信息管理系统的开发[J]. 电网技术,2002(2).
[9] 程成,陈霞. 软件工程[M]. 北京:机械工业出版社,2003.
[10] 贾志君. 小型企业软件项目管理之文档管理[J]. 中国新技术新产品,2009(20).
[11] 王海波. GIS 技术管理下的电力线载波远程自动集中抄表系统[D]. 武汉:武汉大学,2005.
[12] 韦金良. GIS 与 GPS 在电力行业的应用研究[D]. 武汉:武汉大学,2004.
[13] 徐小英. 电力馈线自动化在 GIS 上实现的研究[D]. 昆明:昆明理工大学,2002.
[14] 毛敏. 电力企业中 AM/FM/GIS 系统的应用研究[D]. 武汉:武汉大学,2004.
[15] 周国全. 构建基于 GIS 的电力应用服务平台研究[D]. 南京:东南大学,2007.
[16] 高艳. 基于 GIS/GPS 的电力线路巡检系统的设计与实现[D]. 武汉:武汉大学,2004.
[17] 韦鹏. 基于 GPRS 及 GIS 技术的电力线路远程监控系统[D]. 北京:北京交通大学,2008.

第7章 输电线路巡检GIS的应用案例分析

根据用户的不同需求,基于GIS的输电线路巡检系统,在实际中有着很广泛的应用。这些系统的应用,不仅仅提高了工作质量和效率,对于人员管控、节约经费等都有着积极的作用。本章就国内较为成熟的几款应用系统进行详细的分析介绍。

7.1 基于3S的智能巡检系统

7.1.1 系统概述

河南凯通科技有限公司开发的3S(GPS全球定位系统、RS卫星遥感系统与GIS地理信息系统)智能巡检系统是针对我国铁路、石油、电力、电信、水利等行业管线、重要地点和部位管理的实际需要而设计开发的一套智能化现代巡检管理系统。它能有效地对巡查人员进行监督和管理,确保其巡查到位;对巡检过程中出现的故障、事故、设备缺陷等事件数据进行记录、存储及位置提醒;当巡检人员接近危险地点(矿井、沟壑等)时,其随身携带的手持终端会自动提醒,同时指挥中心人员也对作业人员进行密切关注,使之能够及时地掌握野外工作人员的安全状况。当发生紧急情况时能够迅速对人员进行定位,并根据系统提供的导航引导功能给予相应的支援或组织营救,切实把“以人为本,安全第一”的理念落到实处。

本系统集GPS全球定位技术、RS卫星遥感技术、GIS地理信息技术、GPRS移动通信技术、嵌入式开发技术、数据库编程技术等多项技术于一体,开创了3S应用的新领域,必将会给线路巡检领域带来一场技术革命。可以预计3S智能巡检系统将在行业信息化建设中发挥重要作用。

7.1.2 系统构成

河南凯通科技有限公司3S智能巡检系统由GPS巡检器(以下称GPS巡检手持终端)、远程通讯座和GIS监控系统组成。GPS巡检手持终端完成工作人员行走线路的经纬度数据以及行走过程中事件数据的采集、存储和发送;远程通讯座负责完成野外手持终端与指挥中心GIS的实时通信;指挥中心GIS监控系统实现地理信息系统的基本功能并对野外工作人员进行监控和管理,同时其后台数据库提供对巡检数据的查询、统计、分析、报表和打印功能。

3S智能巡检系统三级管理系统方案如图7-1所示。

7.1.3 系统工作流程

在巡视过程中该系统利用GPRS或卫星通信模块实现远程交互。巡检人员出发时打

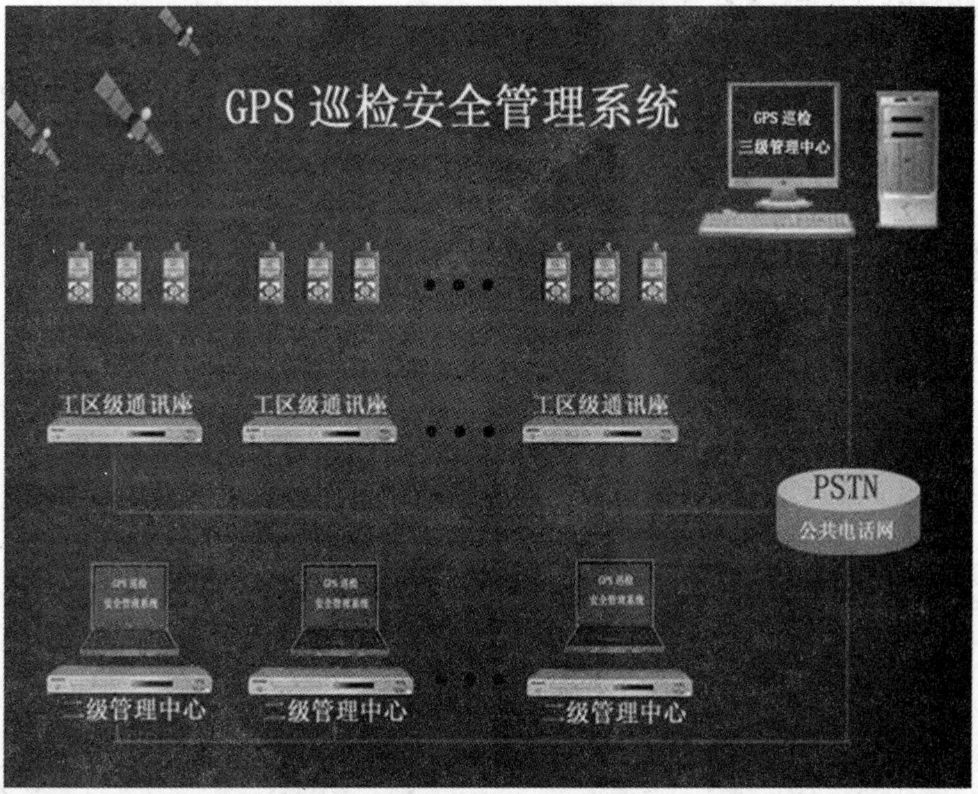

图 7-1　系统的三级管理结构图

开手持终端，此时指挥中心监控功能自动开启，巡检人员的位置信息就在电子地图上实时显示，当发现缺陷时作业人员可将缺陷内容和照片同时发回，这时缺陷情况也在电子地图上显示出来。

当巡检人员开始工作时首先通告指挥中心，中心电子地图上显示其为工作状态。当中途休息或巡检结束时通告指挥中心，中心电子地图上显示其为休息或工作结束状态。

如果巡检人员需要救助则按下紧急救援键，系统会自动报警，将巡检人员发回的位置信息、相邻巡检人员的电话、附近群众的联系电话和已知危险点，发送到管理人员的手机上。管理人员会迅速根据情况判断可能发生的问题，设想救援方案，通知附近的工作人员或群众先期进行救助，然后根据现场的具体情况展开救援。

如巡检人员在某一固定位置长时间不动，或监控信号消失同时语音呼叫不回时，可认定该巡检员发生了意外情况，需紧急救援。

7.1.4　系统主要特点

(1)本系统利用公用的 GPS 卫星进行定位，与传统的巡检产品相比无需布点，工程施工简单快速，网络建设费用和系统维护费用低。

(2)本系统在进行业务监控的过程中，将人身安全放到了首位。

(3)系统提供了处理突发事件的导航救援功能。

(4)系统监控容量大,扩容方便快捷。

(5)系统可以判别漏查、早到、迟到、超时、过快、过慢等各种异常情况。

(6)系统可以按巡检区域、巡检地点、巡检班次、巡检人员、巡检中产生的事件和巡检时间等信息进行查询、统计、分析和报表打印。

(7)系统支持 Win98、Win98ME、Win2000、WinXP 等操作平台。

(8)指挥中心以地理信息系统为平台,具有很强的功能可扩性。

(9)GPS 巡检手持终端体积小、重量轻,便于携带。

(10)GPS 巡检手持终端采用四螺旋全向天线,接收灵敏度更高,抗遮蔽性更好。

(11)GPS 巡检手持终端可以记录 20 000 条 GPS 位置数据。

(12)GPS 巡检手持终端具有事件记录、存储、提醒功能。

(13)GPS 巡检手持终端使用可充电镍氢电池,待机时间为 48 h。

(14)"通讯座"可以通过 MiniUSB 读取并存储 GPS 巡检棒中的数据。

(15)"通讯座"根据设定的时间,自动开机,利用公共电话网迅速连接组网并自动上传巡检记录,数据传输完成后,自动关机,特别适用于巡查点分布广泛的行业。

7.1.5 系统设备性能指标

(1)手持产品尺寸:120 mm × 45 mm × 15 mm;

(2)质量:约 120 g;

(3)GPS 定位精度≤10 m;

(4)定位时间:冷启≤60 s,热启≤12 s,自动搜索≤200 s;

(5)中断定位恢复时间:≤2 s;

(6)待机功率:200 MW(平均);

(7)电池:3.6 V,2 100 mAh 镍氢电池;

(8)待机时间:36 ~ 48 h;

(9)存储容量:20 000 条位置、时间和状态记录;

(10)工作条件:温度:-20 ~ 85 ℃,湿度:20% ~ 90% RH(正常气压);

(11)通信接口:MiniUSB;

(12)可靠性:平均无故障运行时间(MTBF)不低于 8 760 h。

7.2 基于 GIS 与无线视频的电力生产现场安全监督系统

基于 GIS 与无线视频的电力生产现场安全监督系统能够实时传输声音、视频、图像、数据、移动车辆的地理位置数据。GPS 系统能够导航和定位,其信息和数据能够让车载人员和指挥中心人员实时获取。系统采用先进的图像处理技术,利用公共 CDMA 1X 无线数字移动通信网络,完成视频图像的实时传输,同时将卫星定位系统、地理信息系统、无线移动通信网络、本地视频监控和计算机网络有机地融合为一个整体,构建一套集应急联动支援、视频监控、指挥调度、远程会议等功能于一体的远程移动无线视频 GIS 监控系统。

将通信指挥、目标定位、电子地图、视频图像传输、计算机网络、视频会议等功能，组合实现对广域空间的流动体的实时、连续监控、指挥与管理。

采用大比例尺电子地图，实现对移动目标的高精度定位，矢量/标量地图兼容。

采用先进的视频图像数字压缩技术，解决无线移动通信信道的视频图像高速传输。

通过 C/S 的方式，实现 GIS 信息、定位信息、图像信息等数据的发布和访问。

系统终端采用大容量的电子存储，满足用户对历史对象以及证据数据保存的需要。优化的系统集成管理软件，实现并提高相关领域应用的辅助决策与指挥功能，提高处理突发事件的快速反应能力。

7.2.1 系统架构及特性

7.2.1.1 系统架构

系统由视频车载移动终端、无线通信及监控终端几个主要部分组成（见图 7-2）。

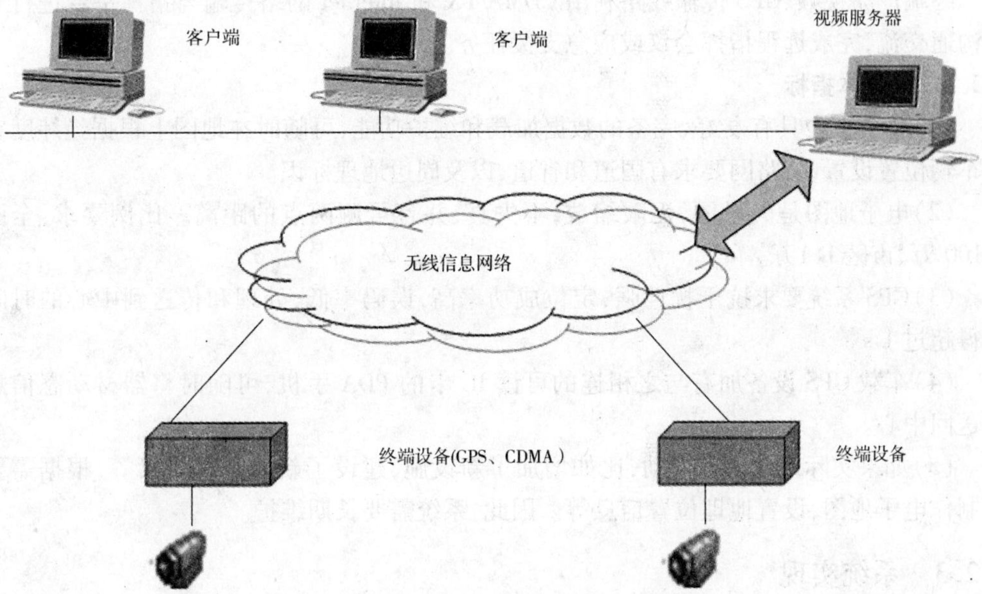

图 7-2 系统体系结构

7.2.1.2 特性

(1)多种数据兼容的实用性。指挥中心可以远程获取受控车辆上摄像机的实时图像，或存储器中的图像数据以及移动目标的地理信息。指挥中心获取终端图像与地理信息有两种方式：一是由指挥中心发指令主动调用信息；二是终端实时回传信息，中心连续显示。

(2)快速反应的综合性。系统指挥中心平台能够显示多个车辆点的位置，建立多层次综合数据库，当车辆发出指挥请求时，依据各种数据做出科学迅速决策，并保证上下级的互动指挥能力。

(3)多方位的通信兼容性。系统兼容各种类型的移动通信网络接口，以 CDMA 移动通信网络为主，并适应3G网络发展，灵活构建移动网络信息传输平台；系统能够基于互联网络实现远程广域的定位、视频和指挥等信息的发布与访问。

7.2.2 系统应用说明

7.2.2.1 实际应用解析

在监控中心通过构建移动视频系统设立指挥中心平台，并提供总体系统的服务器支持。

在移动车体内安装1台摄像机和1台可移动无线监控定位卫星终端，摄像机的模拟视频信号经终端压缩编码为数字信号，经CDMA 1X网络实时传至中心平台。

GPS信息经CDMA 1X网络实时传至中心平台。

不固定的人员通过笔记本电脑或PDA无线上网方式查看监控的图像和GPS位置。

指挥管理中心人员通过Internet登录系统平台，实时显示各监控点现场情况。

终端产品视频、GPS传输线路利用CDMA 1X和Internet网络传输与指挥平台进行实时沟通交流，完成远程指挥会议或应急支援任务。

7.2.2.2 具体指标

(1)整个平台具有友好、完备的数据加载和维护功能，可随时在地图上根据经纬度查看车辆位置设置，公路网要求有国道和省道，以及周边地理标识。

(2)电子地图是矢量图，无限缩放，不失真，并且可测两点的距离。比例要求：全国1:100万、市区1:1万。

(3)GPS系统要求抗干扰性强，定位成功率高，误码率低，处理和传送到中心的时间不得超过1 s。

(4)车载GPS设备加有与之相连的可读IC卡的PDA手机，可随时将器材动态信息发送回中心。

(5)如果实际地理状况变动，比如增加了新设施，建设了新公路和桥梁等，根据需要可制作电子地图，设置地理位置信息等。因此，系统需要长期维护。

7.2.3 系统实现

7.2.3.1 视频与地图集成

视频和GIS是系统中主要的数据源，两者在结构、格式、采集、存储、检索、管理等方面具有各自的技术体系。如何将其有效集成，方便地进行交互检索，是本系统的一个重点。将视频信息与地理信息整合是个新兴的研究方向，孔云峰教授(2007)提出了公路视频GIS的解决方案，其研究成果对本系统的开发具有借鉴价值。他认为，视频与GIS集成的数据模型基本原理是建立空间位置与视频帧之间的逻辑关系。实现方式有两种：其一是将空间位置、方位、速度等信息进行音频调制，并存储在视频数据的一个声道中，播放视频影像时，再将空间数据音频解调；其二是为视频影像建立专门的元数据，描述特定视频帧与地理位置的对照关系。考虑到视频影像采集是一个连续过程，可以使用插值方式获得所有视频帧的空间位置。在系统中，笔者将移动车辆的地理位置与视频帧之间建立对应关系,通过移动车辆的地理坐标来调用其相应的视频文件。为视频文件建立影元数据,通过内插计算所有视频帧的地理位置。

7.2.3.2 GIS 平台选择

MapX 是 MapInfo 公司向用户提供的组件式 GIS 软件产品,符合当今 GIS 软件发展的最新潮流,具有技术上的先进性。MapX 带有强大地图分析功能的 ActiveX 控件产品。由于它是一种基于 Windows 操作系统的标准控件,因而能支持绝大多数标准的可视化开发环境,如 Visual C、Visual Basic、Delphi、PowerBuilder 等。编程人员在开发过程中可以选用自己最熟悉的开发语言,轻松地将地图功能嵌入到应用中,并且可以脱离 MapInfo 的软件平台运行。鉴于 MapX 的强大功能和其方便易用的特性,以及与视频监控系统设计的软件兼容方便,我们决定系统采用 Visual Basic 开发,通过 ActiveX 技术调用 MapX。

7.2.3.3 电子地图的功能

系统中的电子地图的基本功能如下:

(1)地图放大/缩小。用户可以直接点击地图逐次进行放大,也可以拉框放大所希望的区域,还可以利用快速放大工具进行地图的快速放大。

(2)显示全图。用户进行地图放大、缩小、移图等操作后,地图的显示区域和显示比例将发生变化,若用户想查看地图全貌,只需简单地选择显示全图的功能,即可达到目的。

(3)信息标注。系统提供信息登记的功能,只需在地图上选择需要添加信息的具体位置,然后根据提示填写所登记的单位的相关信息(包括名称、简介等),就可查询并显示公路、铁路、水系、乡镇、山峰、旅游景点、镇内街道、胡同、桥梁、地名、公交车站、机关单位、酒店住宿、加油站等特定目标的位置及信息。

(4)点位信息。利用点位信息功能可以将鼠标所放位置的地图信息通过文字描述出来,使你很快地知道你所指的地图位置有什么相关的信息。可查询指定点一定范围内移动目标的分布状况。

(5)图层叠加控制。

(6)经纬度坐标及比例尺动态显示。

(7)重点目标的图片、文字显示。

7.2.3.4 使用 MapX 实现 GPS 功能

在电子地图中实现车辆定位显示有两个基本组成部分:GPS 信息接收部分(完成 GPS 接收机信号的读取和传递),GPS 信息在 GIS 系统中的动态显示。

地理信息系统作为一门交叉性的技术,与通信、网络、GPS 全球定位等技术的集成是 GIS 发展的一个重要方向。目前,已经有国外学者提出了视频 GIS(VideoGIS)的概念,即将视频影像和地理信息相结合,建立视频片断的地理索引,生成能在地理环境中调用的超视频(hypervideo)。随着 3G 移动网络逐渐成熟,手机的上网速度将可以和 ADSL 的速度相媲美。在这样的无线网络环境下,基于 GIS 的远程移动视频监控系统将有很大的应用空间。如图 7-3 所示。

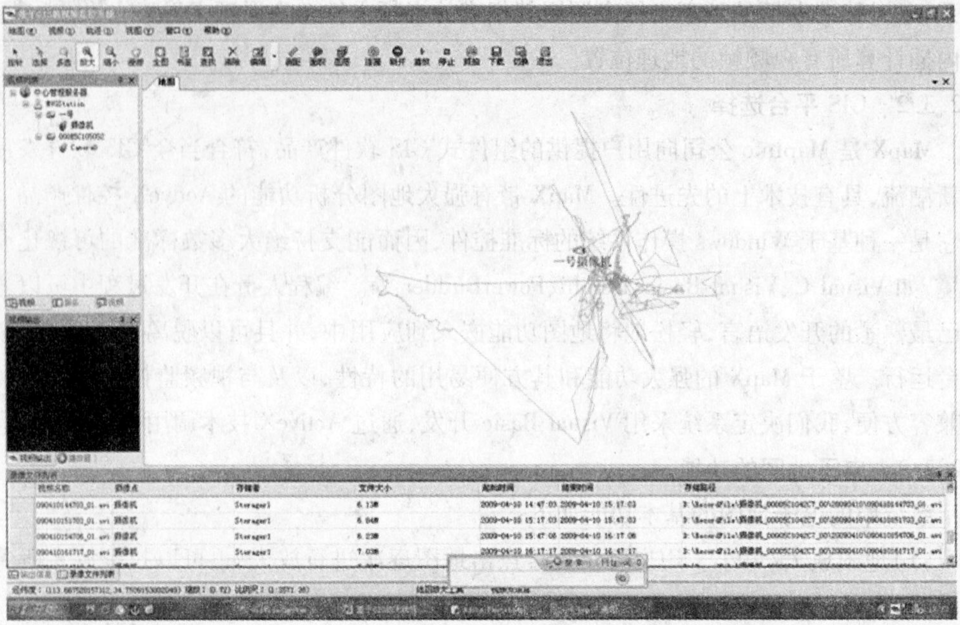

图 7-3　系统主界面

7.3　基于 GIS 的输电线路巡检系统设计与开发实例

“基于 GIS 的输电线路巡检系统”(简称 GIS 巡检系统)是充分结合国家电网公司规范输电线路巡视检查的需求,通过高技术手段,利用计算机软件技术结合 PDA 的 GPS 定位技术,经过系统集成形成的综合应用系统。系统需求为:GIS 巡检系统使用范围为供电公司的线路运行管理部门和输电工区班站值班巡视人员。

管理功能:通过局域网可以对所有线路的定位、巡视情况进行跟踪监督,保证运行管理部门能够集中有效地管理设备巡视工作,收集数据并与相关部门配合,保证线路设备正常运行。包括组织机构人员管理,缺陷模板管理,缺陷工作流程上报,基础数据综合查询,下达上传巡视任务,对任务完成情况进行验收统计,缺陷的审核和管理,统计报表管理等。

巡视功能:巡视人员在现场巡视设备时,通过操作手持端 PDA 的巡视软件系统(以点击和选择方式为主,结合少量手写输入),记录巡视到位情况,添加相应的检测、检修记录;记录发现的缺陷,形成标准化的缺陷记录数据。

7.3.1　系统实现的主要技术手段

系统建设主要根据软件工程的思想和方法进行开发:

首先,应当确保系统的各项功能符合电力行业的管理要求、系统结构的科学性和合理性,信息编码规范。

其次,系统应具有良好的接口以便进行二次开发。系统在输入、输出方面应具有较强的兼容性,能进行各种不同数据格式的转换,为今后系统不断地扩充和完善打好基础。

另外,本次线路巡检系统的开发要彻底解决前两期线路巡检系统使用过程中存在的问题,重点要解决 PDA 的选型和数据同步方式等问题。

目前掌上电脑市场主要有两种操作系统:Palm OS、Pocket PC(Win CE)。本系统采用了 Pocket PC 操作系统。采用了 400 MHz 的 CPU,性能值得肯定;良好的系统调试能力,让你方便掌握一切;半透射式 3.5 英寸屏幕,足够的视觉空间;体型超薄、体积很小;强大的无线连接能力;具有背夹扩充能力;具有 CF 扩充卡槽;外观设计质感尚佳。

7.3.2 系统功能

7.3.2.1 地图数据源分析

1. 数据源的类型

软件包括的主要数据类型如下:

系列比例尺矢量地图数据(主要是1:5万地图数据);

影像数据。

考虑到地图数据来源以及现状,数据预处理软件的主要功能包括:将系列比例尺矢量地图数据用影像数据进行校正,转换为系统内部格式,以及矢量地图数据压缩简化处理等。

2. 卫星定位数据

卫星定位数据是基于 GIS 的输电线路巡检系统软件接收的动态数据,主要包括 GPS 数据的接收和处理,通过嵌入式设备的内部串口获得,通过分解,获得经纬度、时间、速度、收星质量、收星颗数、航向角等参数。

3. 业务数据

业务数据主要指的是线路巡检系统的各种基础数据,如用户信息、线路信息、杆塔信息等,通过数据接口实现与 PMIS 系统设备台账的共享。

7.3.2.2 地图数据预先处理

地图数据的预先处理是本系统完成的基础,预先处理软件主要包括如下内容:

- 将系列比例尺的地图数据转换为系统可以使用的数据格式;
- 将基础数据转换为系统可以使用的数据格式,存入数据库或以文件形式输出;
- 转换过程中处理数据为二进制格式,并满足保密要求;
- 转换过程中组织数据使其满足动态调度与存取要求,并建立相应的索引。

7.3.2.3 软件功能

1. 地图的显示

地图的显示需要实现数据块的动态检索和查询。为了提高显示速度和刷新速度,显示模块采用具有并行方式的显示算法等。

2. 地图的放大、缩小与漫游

通过坐标改变地图比例尺,实现地图放大、缩小的实现,达到地图缩放的目的。漫游通过改变屏幕坐标与数据坐标的相对位置关系,通过坐标转换来实现。

3. 距离、面积量测

提供两种测量距离的方式:直线测距与中心线测距;

- 面积量算采集一个闭合区域,计算包括的面积以及每一个线段的长度等;

• 实时提供人员的定位信息。

4. GPS 卫星数据的接收与处理

• 电子地图的符号化显示功能；

• 定位信息在电子地图上的叠加显示功能。

5. 监控

• 对所有巡线员的位置和工作状态进行监控；

• 对单个巡线员行走路线进行跟踪监控。

6. 报警与提示

• 自动报警功能；

• 语音提示功能。

7. 危险点和特殊区域的编辑与显示

• 危险点的编辑和显示；

• 特殊区域的编辑和显示。

8. 各种设备信息的显示和查询

• 各种设备信息（包括线路、杆塔等）的显示；

• 各种设备信息（包括线路、杆塔等）的查询。

9. 缺陷的智能采集和管理

缺陷的采集、查询、删除、修改和统计。

10. 基于地理信息的查询和计算

• 基于地理位置的查询功能；

• 基于地名的查询功能；

• 基于属性的查询功能。

11. 投影的设置与转换

• WGS-84 与 BJ-54 相互转换功能；

• 地理坐标与高斯坐标相互转换功能；

• 地理坐标与墨卡托坐标相互转换功能；

• 以上或其他常用投影之间的相互转换功能。

12. 轨迹的显示、保存、重播

• 对形成的轨迹的显示功能；

• 对已行走轨迹的保存功能；

• 对已保存轨迹的播放功能。

13. 基础数据管理

基础信息管理：包括对线路、杆塔、杆塔附属物、危险点等的管理。对于线路、杆塔、危险点等可在地理信息平台上直观显示出来。

缺陷管理：实现现场的缺陷登记，通过数据同步和数据库接口将数据回传到 PMIS 系统中，进行审批。

监控管理：在地理信息平台上显示杆塔位置，巡检线路，显示野外作业人员位置，危险点位置等（此功能不实现实时在线通信）等。

安全管理:包括缺陷记录、危险点查询等。

系统维护:包括系统数据字典、系统日志等功能。

权限管理:包括用户管理、用户权限分配、密码变更等。

统计分析:包括缺陷统计、线路统计等各种报表的查询、统计及导出、打印。

14. 安全工作录音

PDA 实现对现场检修工作宣读工作票、技术交底等现场工作的录音,形成音频文件,工作人员返回单位后上传到服务器,供各级人员事后调阅监督。对于登杆塔工作,可以将核对等工作环节进行录音(此功能不需要实时通信功能)。

15. 标准化作业执行、监督

将标准化作业指导书存储于 PDA 中,在现场执行时,逐项打勾,利用 PDA 进行记录,便于监督执行(此功能不实现实时在线通信)。

16. 各种检测记录

一是通过 GPS 实现到位的监督,二是进行现场记录,工作结束后将记录直接与 PMIS 相应记录同步。

17. 最优路径推荐

通过地理信息,从起始点到目的地(主要指线路具体杆段)之间推荐一条最优的交通路径,并利用 PDA 实行导航。

要重点考虑一些初始地图上没有的、需要通过编辑添加的乡村道路、巡检便道等,通过这些道路为不熟悉线路的管理人员、新人员等进行导航。

18. 群众护线员管理

将群众护线员信息在地图上反映出来。

19. 线路故障点位置测算

在地图上输入故障测距,能够计算出对应的杆塔号来。

20. 线路构件全信息显示

可以在现场查阅某基杆塔的塔图、基础图、接地装置图、金具组装图(为 CAD 制图)。

21. 辅助功能

将一些线路常规知识,如导线型号、金具型号等知识挂接在系统中,实现人员的在线学习及查阅。

22. 班组管理模块

主要包括工器具管理、人员基本情况管理、责任分工等。

23. 地图校正

能够对旧地图中变化的信息进行校正。

24. 鸟瞰图功能

可以打开或关闭鸟瞰图,从大范围提供导航。

25. 检索

检索地名、线路、杆塔号等。

26. 专业图形显示

- 显示输电耐张段,突出显示该线路中所有已定位和有资料的输电耐张段。

● 显示所选线路的断面图,以直观地查看输电线路所经过的山峰、沟壑等地形情况,同时还在断面图中标识线路的耐张段、档距、杆高和特殊区域等信息。

● 显示所选线路的相序图,以直观地查看输电线路的换相信息。

● 显示所选线路的交叉跨越图,以直观地查看输电线路跨越的不同地貌,如电力线、河流、公路、铁路等信息。

● 显示所有线路的污区图,并能按照不同的颜色区分污秽等级。

● 提供变电站主接线图的绘制功能。

7.3.3 软件性能

7.3.3.1 坐标转换的精度要求

坐标转换的精度必须满足地形图测图要求,例如1∶5万地形图数据的转换误差在5 m之内,有关坐标转换的算法,采用地形图数据生产中的算法与程序。

7.3.3.2 时间指标

时间指标包括如下几项。

开机定位时间:平均定位时间不大于2 min;

地图首次调入显示时间:5 s;

地图刷新显示平均时间:4 s;

信息查询平均时间:4 s;

基本量算平均时间:4 s。

7.3.4 系统架构

根据电力系统现行的机构设置和模式,充分考虑电力系统在管理和业务等方面的特殊要求,以及扩展的需要,系统采用B/S方式来进行开发。其体系结构如图7-4所示:

客户端使用通用的Web浏览器(IE、Navigator等),由安装Plug_In插件、下载的ActiveX控件或JavaApplet构成。Web服务器负责接收客户端的GIS服务请求,从数据服务器取得数据进行运算,并把响应结果返回给客户端。数据库服务器负责数据的访问、管理和维护。

与PMIS系统接口设计主要实现:通过系统接口实现两个系统中设备台账、人员信息等基础数据的共享;将线路巡检系统中PDA在现场采集到的缺陷、运行记录、检修检测数据等通过数据接口同步到PMIS系统中,自动形成PMIS要求的各种运行、检修、检测等记录。具体的接口设计实现方案在详细设计中体现。

7.3.5 系统演示

(1)打开程序后,选择一个已下载的任务。如图7-5所示。

(2)当工作人员到达相应杆塔位置时,就可以点击“采集坐标”按钮进行定位,如果有缺陷也可以录入缺陷,如图7-6所示。注意:巡视任务中判断是否到位的标准是,在此杆塔经纬度半径50 m之内将显示巡视已到位,不在此杆塔经纬度半径50 m之内将显示巡视未能到位。

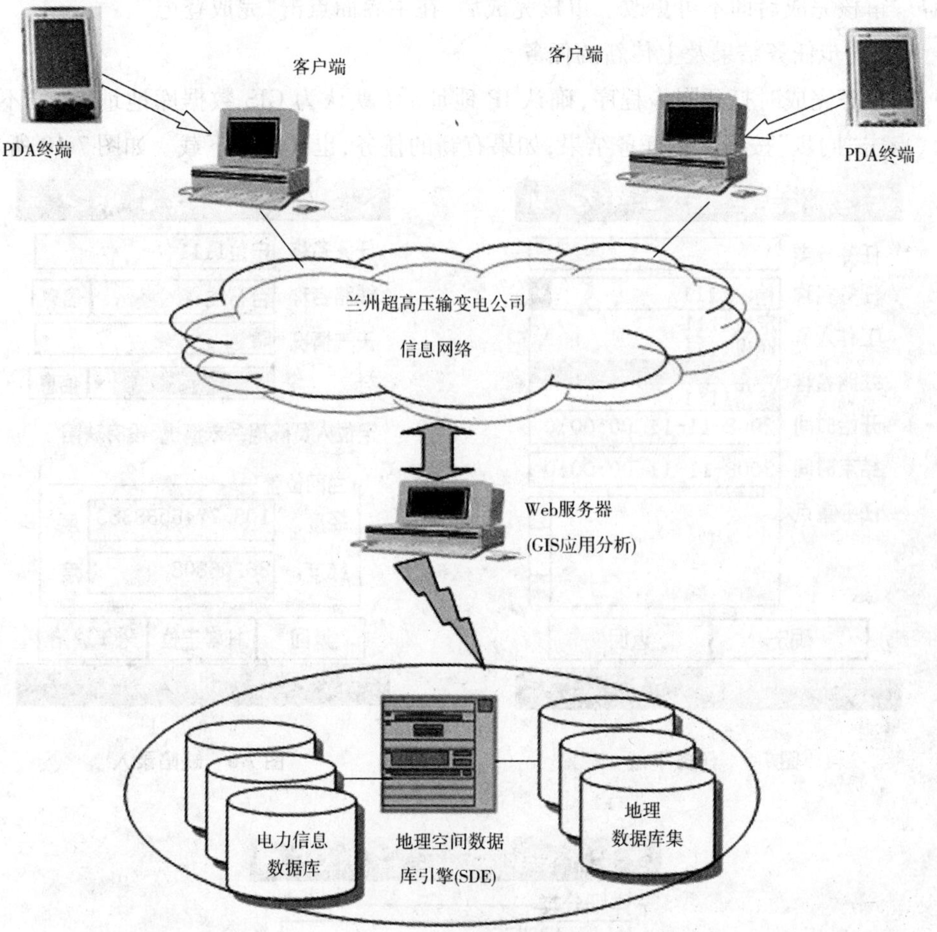

图 7-4　体系结构图

(3)缺陷详细信息的录入方法。在备录信息中可以用笔选择“(　)”,“[ ]”中为输入数值,“ < > ”中为输入的其他信息,确定后自动生成如图 7-7 中的信息。

(4)检测数据的录入方法。选择检测类型及杆塔范围后,点击“登记检测”进入主界面,选择下拉框并手工输入所需数据,如图 7-8 所示。

(5)检修数据及作业指导书录入。选择一个检修任务,然后选择杆塔,点击“添加”,进入详细录入界面。

选择工作分类、设备类别及处理方法,填写数量和处理后型号点击下一步。如图 7-9 所示。

(6)检修数据录入及查看。通过检索在新的窗口中选择一个生产厂家,输入工作内容、检查结果及备注后选择工作人员,然后点击“保存”完成添加。这时,我们可以在最初的窗口中看到我们录入的检修记录并且修改或者删除。

(7)作业指导书。选择一个项目,我们看到一个序号列,点击后会显示它的子项及其内容。审核完成后即不可更改。审核完成后，在主界面点击“完成登记”。

(8)同步任务结果及上传新的任务。

在任务完成时打开同步程序，确认 IP 地址后(默认为 GIS 数据库地址，一般不需更改)，点击“同步”按钮上传任务结果，如果有新的任务，也同时会下载。如图 7-10 所示。

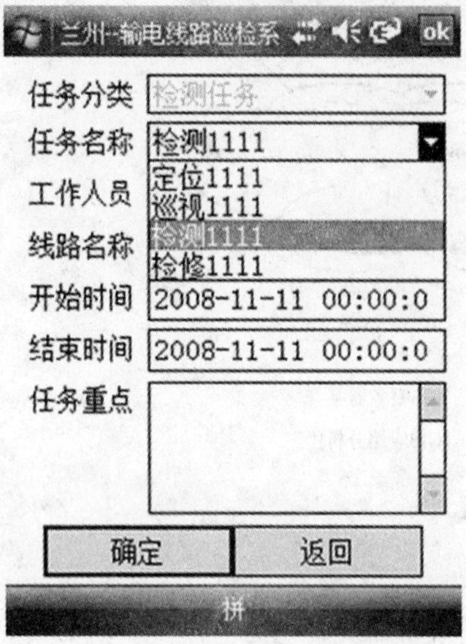

图 7-5　任务下载

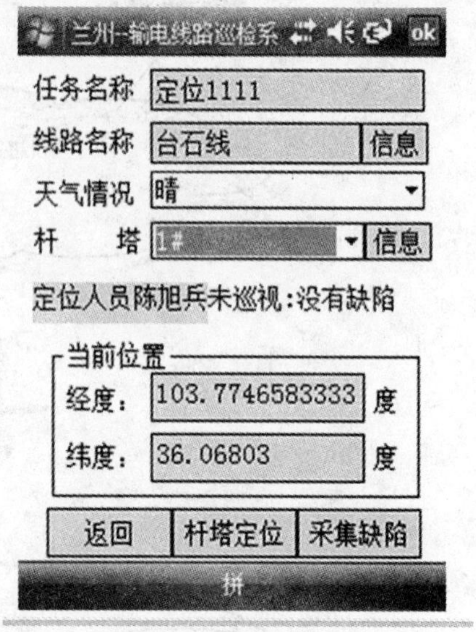

图 7-6　缺陷录入

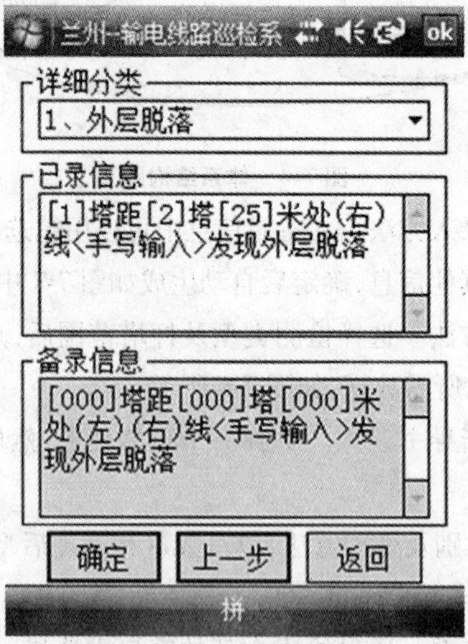

图 7-7　缺陷详细信息的录入

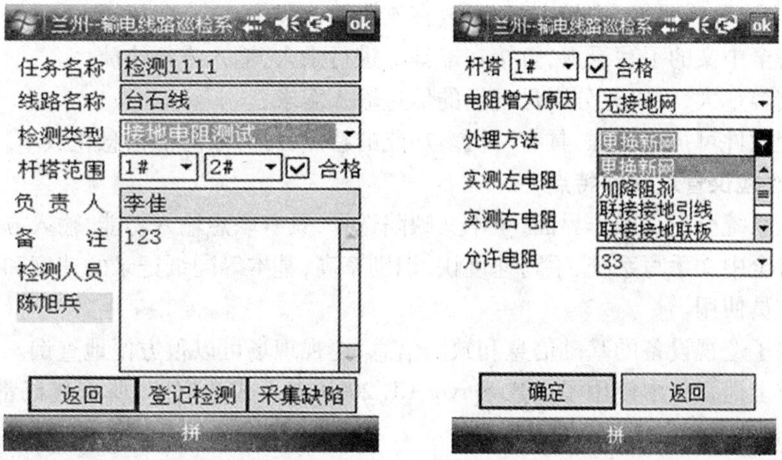

图 7-8　检测数据的录入

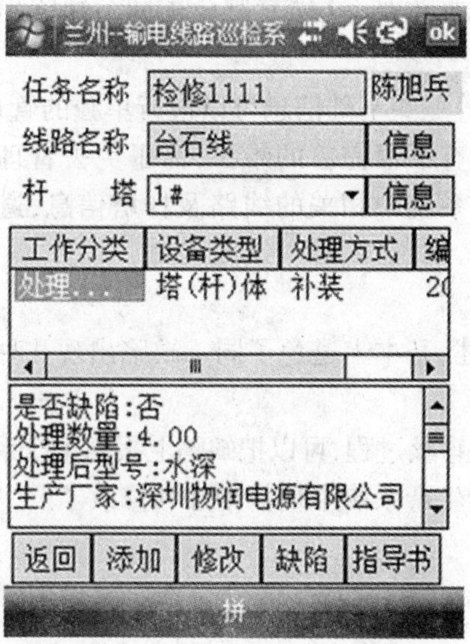

图 7-9　作业指导书录入

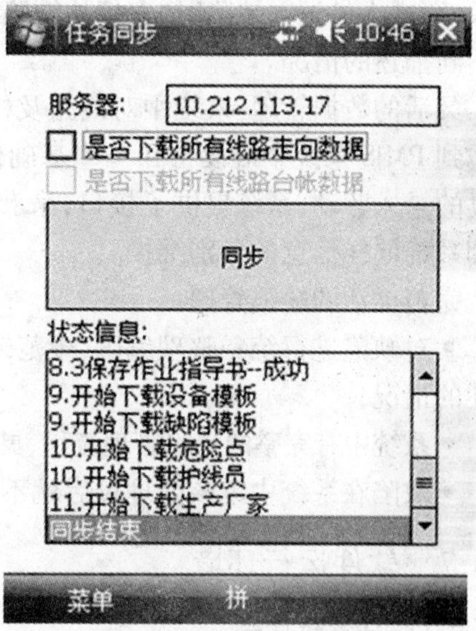

图 7-10　同步任务结果及上传新的任务

7.3.6　系统特点

7.3.6.1　管理特色

本系统结合国家电网公司加强线路巡视规范化管理的需要，将 GIS 系统数据、PMIS 数据库、图形数据库和手持 PDA 的 GPS 定位相结合，将系统相关线路数据及任务同步到 PDA 端巡视系统中，确保了巡视人员巡视到位和巡视质量，切实将巡视责任落到了实处。

7.3.6.2　巡检仪硬件特点

- 巡检仪硬件由掌上电脑（Pocket PC）和激光条码扫描设备组成。其特点如下：
- 掌上电脑内置锂电池，充满电后，可使用 2 ~ 3 天；
- GPS 定位精度高，找星时间短，在恶劣的天气下仍可以正常地开展巡视工作；

• 体积小巧，重量轻，携带方便，可放在衣服的口袋中；

• 支持全中文的手写录入，直接在屏幕上进行录入，输入方便快捷；

• 存储容量大，可以充分满足现场的信息输入需求；

• 系统软件可扩充性强，具有一机多功能的特点，可有效降低信息化成本。

7.3.6.3 巡检仪管理软件特点

• 掌上系统全中文操作界面，全中文缺陷选择，具有联想输入功能，输入方便。

• 支持全中文手写系统，手写速度快，识别率高，基本等同纸记录的速度和难度，适合一线巡视人员使用。

• 存储了巡视设备的基础信息和缺陷信息，巡视现场可以很方便地查询。

• 在掌上巡视仪中使用了 SQL Server CE 2000 嵌入式数据库，所有代码都可以灵活定义，数据查询灵活方便。

7.3.6.4 服务端管理软件特点

统一缺陷描述，规范化管理。缺陷字典描述的统一维护，每一种缺陷描述都对应唯一模板，巡视人员记录缺陷时，直接从缺陷模板中选择添加，这样就避免了同一缺陷出现几种不同描述的情况。

灵活的数据管理：系统中对线路及杆塔设备等一些基础信息可以进行单独的管理，但考虑到 PMIS 系统中对设备和一些基础信息已经有了很完善的维护，为了免去管理人员重复的录入劳动，系统提供了接口，来获取 PMIS 系统中相关的线路及杆塔信息，避免了两套系统同样信息的分别维护。

完善灵活的缺陷管理：

• 对缺陷进行统一整理编码，规范缺陷的描述，基本上避免了同一缺陷出现几种不同描述的情况。

• 系统中有完整的缺陷管理流程、灵活的缺陷审核过程，可以把缺陷上报到生产系统。

• 缺陷在系统中审核处理过后就不用再次到生产系统中重新增加和修改了。

7.3.7 软件运行环境

7.3.7.1 计算机环境

1. 数据库服务器

• 处理器：最低配置为单芯主频≥2.0 GHz，建议使用四芯 CPU 的服务器；

• 内存：不小于 4 G；

• 硬盘容量：不小于 300 G；

• 服务器操作系统：Windows 2003；

• 数据库管理系统：Oracle 9i。

2. GIS 图形服务器

• 处理器：最低配置为单芯主频≥2.0 GHz，建议使用四芯 CPU 的服务器；

• 内存：不小于 4 G；

• 硬盘容量：不小于 300 G；

• 服务器操作系统：Windows 2003；

• GIS 图形服务器平台:MGIS。

3. 移动终端

• 处理器:主频≥400 MHz;

• 存储器:≥32MSDRAM 存储器;

• 扩展存储器:≥1 GB SD 卡,用于存放地图数据等;

• 内置串口用于 GPS 数据接收(信道:20,误差:小于 15 m,数据刷新速度:1 s,定位时间:45 s,坐标格式:WGS-84);

• 备用电池一块;

• 操作系统为 Windows Mobile 5.0 以上。

4. 客户端

• 处理器:主频≥1.8 GHz;

• 内存:≥512 M;

• 硬盘:≥60 G;

• 操作系统为 Windows XP/2000。

7.3.7.2 软件使用模式

数据预处理软件离线使用;

服务器软件在 Web 服务器上使用,主要用于数据的管理,地理信息的浏览、查询、分析,地图显示、地图制图以及各种空间信息、图像的发布和服务;

移动终端的软件在巡线人员配备的移动终端上安装,主要用于数据的采集。

7.3.7.3 地理信息系统平台简介

本次采用的地理信息系统平台为军事地理信息系统(MGIS),MGIS 是中国人民解放军自主研发的通用地理信息系统平台,主要应用在军队部门及大型国有企事业单位。

MGIS 软件采用层次化体系结构设计,能够对从系统主控接收到的各项系统功能命令、鼠标事件、键盘事件和绘图事件进行相应处理,并通过地理信息访问引擎(GIAE)实现对地理信息数据的访问。在 GIAE 中,所有对地理数据库的访问操作,都通过地理数据库访问对象(GDAO)来完成。MGIS 主要有以下特点:

(1)MGIS 工具软件的各项功能紧密集成。它是一个通用的可独立运行的工具软件,所提供的所有地理信息处理功能紧密集成在主控窗口中。

(2)MGIS 支撑软件提供二次开发功能。它是面向 MGIS 开发人员提供的一套应用开发环境,具有在 Windows NT 和 Sun Solaris 两种平台上应用的编程接口(包括 ActiveX 控件和 C++类库),可以在自己的应用系统中嵌入专业地理信息处理的各项功能,从而开发出满足用户需求且具有各种专业地理信息处理功能的应用系统。

(3)系统安全保密性好。系统提供用户名和口令,以控制用户进入系统;提供审计功能,将用户名进行的操作及操作的时间、操作的对象等加以记录;提供数据备份和数据恢复机制,目的在于进行破坏性操作时提供确认,避免用户特别是有特权的用户无意的错误操作所引起的数据丢失和系统破坏。

MGIS 科学而高效的开发方法如下:

(1)系统内部结构设计采用先进的层次化结构设计,将系统分为数据库访问对象

(GDAO)、地理信息访问引擎(GIAE)、功能处理层、系统主控层和外部框架五个层次，每个层次分别完成相对独立的功能，各层次之间通过事件和消息进行通信，从而使系统的各个功能模块能紧密地集成在一起。

(2)采用面向对象的设计思想和方法，充分利用对象的封装、继承和多态等特性，并结合层次化体系结构设计，使整个系统的各个部分通过事件和消息机制紧密集成为一个有机的整体，整个系统的设计完全采用统一建模语言(UML)来表示，使用 UML 的用例图、类图、顺序图、状态图和部件图表示系统的需求说明、静态结构、动态结构和部件结构。

(3)CASE 工具的成功应用，在很大程度上提高了 MGIS 的开发效率和质量，包括：使用可视化建模工具 Rational Rose，完成对整个系统的面向对象建模和设计，使系统自始至终保持设计模型与实现代码的完全一致；使用与 Rose 配套的文档自动生成工具 SODA，保证文档符合规范和标准化要求，实现设计模型、设计文档和实现代码之间的完全一致；使用配置管理工具 Rational Clear Case 所擅长的分支/归并技术，对系统的五大功能模块中的数十个功能配置项进行边集成、边开发的滚动式开发，使得难度最大的系统集成等工作能够从开发的初始阶段就十分平稳地滚动前进，直到最后集成为一个完整的系统。